我们一起解决问题

5G行业应用丛书

5G商用

打造高速智能应用场景

潘文　辛鹏骏　彭健 等 著

人 民 邮 电 出 版 社

北　京

图书在版编目（CIP）数据

5G商用 ：打造高速智能应用场景 / 潘文等著. -- 北京 ：人民邮电出版社，2020.3(2024.1重印)
（5G行业应用丛书）
ISBN 978-7-115-53383-8

Ⅰ. ①5… Ⅱ. ①潘… Ⅲ. ①无线电通信－移动通信－通信技术 Ⅳ. ①TN929.5

中国版本图书馆CIP数据核字(2020)第010924号

内 容 提 要

2019 年 6 月 6 日，工业和信息化部向中国移动、中国联通、中国电信、中国广电四家运营商正式颁发了 5G 商用牌照，这标志着我国迈入 5G 商用元年；11 月 1 日，三大运营商 5G 移动通信套餐生效，我国 5G 正式商用。

本书在介绍移动通信系统从第一代至今的总体发展过程的基础上，重点介绍了 5G 的标准演进、全球 5G 的研发和商用进展，详细论述了我国 5G 的研发和网络部署情况、产业发展、商用模式等。而且，作为首次系统性地阐述我国 5G 产业生态建设情况的图书，本书以丰富的数据和鲜活的案例介绍了 5G 将给社会带来的巨大变革。此外，作者在书中还对 5G 时代的未来走向发表了见解。

本书适合政府、企业、科研机构工作人员，以及对 5G 行业应用感兴趣的人员阅读。

◆ 著　　潘 文 辛鹏骏 彭 健 等
责任编辑　张国才
责任印制　彭志环

◆ 人民邮电出版社出版发行　　北京市丰台区成寿寺路 11 号
邮编　100164　　电子邮件　315@ptpress.com.cn
网址　http://www.ptpress.com.cn
北京虎彩文化传播有限公司印刷

◆ 开本：700×1000　1/16
印张：15.5　　2020 年 3 月第 1 版
字数：150 千字　　2024 年 1 月北京第 6 次印刷

定价：69.00 元

读者服务热线：(010)81055656　印装质量热线：(010)81055316
反盗版热线：(010)81055315
广告经营许可证：京东市监广登字 20170147 号

推荐序一

2019年6月6日，在全国上下的期待之中，工业和信息化部（简称“工信部”）向中国移动、中国联通、中国电信、中国广电四家运营商正式颁发了5G商用牌照，这标志着我国迈入5G商用元年。10月31日，2019年中国国际信息通信展览会正式开幕。在开幕式上，工信部信息通信发展司司长、新闻发言人闻库表示：“让我们一起开启5G商用新进程。”2019年11月1日，三大运营商5G移动通信套餐生效，我国5G正式商用。

本书成书于我国5G商用元年。与以往介绍5G技术的专著不同，本书重点对未来5G应用场景进行了描绘。5G网络具有大带宽、低时延、高可靠、广覆盖等“天然”特性，结合人工智能、移动边缘计算、端到端网络切片、无人机等技术，在VR/AR、超高清视频、车联网、无人机、智能制造、电力、医疗、智慧城市等领域有着广阔的应用前景。5G与垂直行业的无缝融合应用必将带来个人用户及行业用户体验的巨大变革。

书中概括了5G商用的发展规律：一是5G商用首先从eMBB类场景开始，逐渐向uRLLC和mMTC类场景渗透；二是未来5G商用的主要市场将面向垂直行业，跨界融合是5G的“必修课”；三是5G商用时间与

网络部署进度、垂直行业发展情况、国家政策推动密不可分；四是5G商用中VR/AR、超高清视频、网联无人机等是基础型应用，其他商用场景多是以上三者的叠加态。总之，未来将会有更多的创新方式为我国5G发展提供新思路。

5G不是单纯的技术更新换代，其价值一方面在于它将与多种垂直行业应用深度融合，在增强现有业务能力的同时催生更多新业态；另一方面在于其跨领域、全方位的行业渗透将充分释放数字应用对经济社会发展的变革性作用，持续创造新动能，助推数字经济高质量发展。

5G正在见证我国通信产业的巨大变革，而本书则见证了5G发展历程、路线和未来的机遇。我希望本书能够让更多人了解5G，了解我国5G，了解我国信息通信产业的昨天、今天和明天。我期待越来越多的人能够加入我国5G产业创新，将5G引领的变革与自己的工作、学习、生活等各个方面充分融合起来，主动迎接5G创新，探索无穷的新应用、新模式、新机遇，利用5G技术和应用不断满足人类对美好数字生活的向往。

是为序！

倪光南

中国工程院院士

推荐序二

2019 年，国际移动通信标准化组织 3GPP 基本完成了 5G 的标准制定，全球不少国家先后启动了 5G 商用。2019 年 6 月 6 日，我国工信部发放了四张 5G 商用牌照；11 月 1 日，我国三家电信运营商宣布 5G 商用套餐正式上线。

从 1G 到 5G，基本上按照 10 年一代的节奏发展，每一代支持用户速率的能力都有显著提升。但在性能上，5G 更关注高可靠低时延和广覆盖大连接，与 4G 相比有数量级的改进，以便支持 5G 从面向消费者扩展到面向产业与智慧城市的应用。作为高技术产业的代表以及其对经济社会的潜在影响，5G 已经超越其宽带无线传输技术的内涵。与前几代移动通信技术相比，5G 更受到政府、企业与社会大众的关注。

5G 商用仅仅是网络建设与应用创新的开始，边缘计算、网络切片、网络功能虚拟化和基于服务的网络体系等需要经受大规模网络与海量数据的考验。5G 是面向车联网、工业互联网与智联网等需求而设计的，虽然与 4G 相比它已有很大改进，但未必满足产业的各种需要。如何在保证为各类业务提供满意的个性化服务的同时，以合理的成本实现网络资源优

化利用，仍然是严峻的挑战。增强移动宽带能力与降低单位流量资费的矛盾，将推动以用户价值为中心的商业模式变革。5G的商用呼唤移动通信运营商、设备供应商、内容服务商和垂直行业应用企业有更多的技术创新，也期待政府主管部门营造更好的发展环境，希望广大用户给予更多关注与支持。

本书回顾了移动通信的发展历程，简述了5G发展的需求与背景，解释了5G的标准与关键技术，介绍了全球的5G商用情况，重点说明了我国5G网络建设、产业发展、行业应用的现状、面临的挑战及发展趋势。本书以丰富的实例深度描绘了我国5G产业与应用的发展前景，可以帮助读者从多维度全景了解5G产业生态。本书内容全面、逻辑清晰、场景翔实，适合通信行业技术人员、垂直行业信息化部门从业者和产业政策制定者，以及对5G应用感兴趣的各界人士阅读。

邬贺铨

中国工程院院士

推荐序三

自20世纪80年代以来，移动通信从1G、2G、3G、4G到现在发展中的5G，基本上以10年为周期进行迭代。技术的推陈出新，持续加快信息产业的升级，不断推动经济社会的繁荣发展。如今，移动通信已成为连接人类社会不可或缺的基础设施。4G之前的移动通信主要聚焦于以人为中心的个人消费市场，5G则以更快的传输速度、超低的时延、更低功耗及海量连接等特点引领很多行业实现革命性的技术突破，移动通信的消费主体将从个体消费者向垂直行业和细分领域全面辐射。特别是5G在与人工智能、大数据、云计算、边缘计算等新一代信息技术融合创新后，能够进一步赋能工业、医疗、交通、传媒、智慧城市及政务管理等垂直行业，更好地满足物联网的海量连接和信息采集与交互的需求，以及各行业间深度融合的要求，从而实现从万物互联到万物智联的飞跃。

当前，各国都已经意识到发展5G的战略意义，全球很多国家及地区都在积极投资和部署5G网络，力争在5G技术和行业应用上取得先发优势。从目前来看，中国、美国、韩国和日本在5G网络建设及商用方面表现抢眼，欧洲的芬兰、德国、英国、法国也在积极部署。2019年6月6

日，工信部正式向中国移动、中国联通、中国电信、中国广电发放了 5G 商用牌照，意味着我国 5G 正式进入商用元年。10 月 31 日，工信部相关领导在 2019 年中国国际信息通信展览会开幕论坛上宣布 5G 商用正式启动，这标志着我国的 5G 商用进入了发展的快车道。在国家和地方政策的大力支持下，我国在 5G 网络建设、5G 商用进程、5G 与行业融合等方面都已经取得了阶段性的成果，有了很多成功的实施案例。

在这样一个时间节点上，《5G 商用》一书全面梳理了移动通信的发展历史，阐述了 5G 的内涵、意义和 5G 标准的演进历程，从全球和国内视角分析了 5G 研发与商用进展，介绍了我国 5G 产业发展的总体态势以及我国 5G 与垂直行业的融合应用情况，最后提出了我国 5G 时代存在的问题、面临的挑战以及未来发展趋势。该书逻辑严密、结构合理、层次清晰、内容丰富翔实，不仅能让普通读者很容易了解 5G 的概念、内涵、应用、产业等多个方面，更可以为各级政府和产业界人士在布局 5G 发展的决策中提供重要参考。

杨　军

加拿大工程院院士

推荐序四

对于5G而言，2020年是一个非常特殊的年份。因为中国乃至全球的运营商都把这一年作为5G大规模商用的时间节点。换句话说，从这一年开始，5G从一个小圈子热议的话题逐渐变成了一个人人都能使用的新技术。

如何使用5G？相信在各种理论性文章里，很多人都畅谈过；在大大小小的展会上，信息通信企业也都展示过。但是，大多数应用并没有真正落地，因为缺乏让这些应用落地的场景。

事实上，在2019年初，5G的境遇与当年3G刚刚商用的时候非常相似。2000年，欧洲一些国家的运营商已经获得了3G牌照，但是并不知道3G究竟有什么用，一直到2007年iPhone和其他智能手机推出后才发现原来3G可以上网，可以带来很多应用。于是，各种应用便在随后的几年时间里陆续爆发，使3G成为一个改变社会生活的划时代的通信技术。之后的4G让智能终端的优势继续发扬光大，并催生了移动互联网和很多新的产业业态和经济模式。

那么，3G和4G的发展经验会给刚刚到来的5G时代带来哪些新的启示呢？我认为一个新技术可以催生一场新的应用革命，给予创业者新的发展机会。正因此，5G 作为一种新的生产力，需要人们创造性地使用，以便满足当下及未来的需求。

与 4G 相比，5G 需求变化最先出现的地方是 C 端用户，这从 3GPP 制定 5G 标准的路径和节奏可见一斑。2019 年 6 月，3GPP 正式冻结了 R15 版本。这个版本规范了 eMBB 和 uRLLC 两大场景，前者满足的是大带宽的需求，后者满足的是低时延的需求。目前在 C 端，4K/8K 视频、VR/AR 游戏是上述需求的两种体现，被视作 5G 最先爆发的应用场景，而承载这些应用场景的主要是移动终端。所以，为了进一步满足这些应用，移动终端也要发生变化。

首先在屏幕方面，4K/8K 视频需要更大的手机屏幕才能体现其价值，而在 7 英寸、8 英寸，甚至更大尺寸屏幕的手机出现之后，需要将其折叠起来才能方便人们携带和使用，所以下一个划时代的手机很可能是从显示屏开始。其次，4K/8K 视频、VR/AR 游戏都是非常耗电的应用，但是 5G 来了，手机电池的问题依然没有解决，这就造成了智能手机续航时间缩短而充电时间依然很长的问题。所以在 5G 时代，手机电池技术需要突破。最后，操作系统将会发生变化。目前，iOS 和安卓是移动终端最常用的操作系统。不过，它们都是很多年前基于桌面系统开发的，对传感器、照相机甚至实时处理能力的支持都不够好。而在移动终端中，操作系统非常重要、非常关键。因此，5G 是我们介入操作系统的最好机会，我们不是弯道超车，而是直道超车。

如果认为 5G 仅应用于 C 端，那就有些狭隘了。在 5G 标准制定路线图中，2020年6月，3GPP要冻结R16版本。这个版本是5G第二阶段标准，能够满足3GPP对5G技术定义的所有要求，主要支持面向垂直行业的应用和整体系统的提升，能够支持mMTC和uRLLC两大应用场景。显而易见，这两大应用场景更多对应的是B端应用。这也是“4G改变生活，5G改变社会”结论的源头，因为与消费市场相比，行业应用市场对数字化和信息化的渴望程度更高，能催生更多的实际需求，甚至部分行业的5G应用是从0到1、从无到有的。对于应用开发者而言，这些都是新的机遇。

从C端到B端，5G应用将进入深水区。目前，3GPP已确定R16后续演进版本R17的冻结日期。该版本将对mMTC场景进行优化，并可能会支持增强MEC（边缘计算）功能，为典型的MEC应用场景提供部署指南。这将给5G增加很多新功能和新元素，进而提供给行业应用开发者更多的新机会。

当然，5G技术仅仅是一个工具，如何利用好这个工具，让它为生产助力，而非成为阻力，将是一个更具挑战性的课题。这样的反面案例有很多，如移动支付。其实在支付宝、微信进入移动支付领域之前，运营商就设想过用手机来支付，当时首选的技术分别是NFC（近场通信技术）和RFID（无线射频识别）。尽管这两种技术都非常优秀，用来做支付也很有效，但是这两种技术需要商家提供读卡机，更需要厂商为手机终端安装相应的功能模块，这样就提高了这些技术的使用门槛，增加了移动支付的推广难度。后来，二维码用于移动支付开始在互联网公司兴起。这种技术相对简单，不需要增加额外的硬件成本支出，且非常实用，于是就很快推广开来，成为移动支付走进寻常百姓家的助力。由此可见，对于开发人员来说，并不是哪个技术最先进就用哪个，而是应该选择最适合市场需要的、最容易推广的技术。

5G 网络部署正在逐步完善，接下来如何让这张先进的网络助力社会发展将是摆在决策者和开发者面前最重要的课题。对于决策者，我的建议是为这张网络的运行提供更加便捷的条件和实惠的政策，优化市场环境，让建设者们有更宽裕的条件去建设和优化这张网络，降低网络的使用成本，吸引更多用户使用它。对于开发者，我的建议是顺应市场需求，开发出更好的、更容易推广的 5G 应用，帮助更多行业用户更轻松地转型升级，提升生产效率和管理水平，进而推动整个社会的数字经济发展。

如今已经进入 5G 时代，5G 对于社会的重要意义早已得到了各方共识，希望电信运营商、设备制造商、互联网企业以及广大创新创业者抓住这个机会，为人民的美好生活增添光彩，为制造强国、网络强国做出更大的贡献。

王建宙

中国移动原董事长

自序

从 2019 年 6 月 6 日发牌到 10 月 31 日宣布商用，我国用最快的时间完成了从 4G 时代到 5G 时代的转变。截至 2019 年末，全国部署 5G 基站突破 13 万个，签约用户超过 300 万个，5G 手机的出货量也开始井喷，仅 11 月出货量就突破 500 万部。可见，我国 5G 迭代的速度比以往各代都来得更快。

在我国 5G 转型的进程中，《5G 商用》就要与读者见面了，这本书承载了工信部中国电子信息产业发展研究院对我国 5G 发展的关注。区别于我国 5G 的发展速度，本书的创作却是一项“慢活”。慢工出细活，我们希望它是一本值得阅读的书。即使如此，在与读者见面之际，我们依然心怀忐忑：当下关于 5G 的图书已经汗牛充栋，我们要表达什么？

这不是一本介绍 5G 技术的书，介绍 5G 技术的书在很多年前已经开始出版；这也不是一本介绍通信行业 5G 建设的书，因为我们都不是工程师。我们把本书定位在 5G 商用，就是要明确地指出，5G 不仅仅是一场通信网络的技术迭代，更是一场数字社会的商业变革。从一开始定义，5G 就是为更广泛场景的数字化生存而造。5G 不止于通信，也不止于技

术；5G 为赋能千行百业而生，为改变社会而在。在这场通信技术的变革中，改变的不仅仅是网络本身，也不仅仅是用户体验，更是企业、行业和机构的数字化能力再造。To C 是 5G 发展的起点，而 to B 则是 5G 价值的归宿。

5G 带动的价值有多少？从几千亿元到几万亿元甚至十几万亿元的预测数字都有，不同的机构也有自己的“画饼”。而对于每一个具体的企业、机构和行业，我们有多少亿？我们该如何在 5G 的大航道上扬起自己的风帆顺势而行？我们又如何在 5G 的机遇场里捕捉自己的商业价值？这才是 5G 在宏大叙事下对于我们的具体意义。高速率、低时延、大连接的技术特性，以及网络切片、边缘计算等创新，能给我们带来什么？如何改变我们的商业？又会产生怎样的新贵？这才是 5G 对于我们的意义。在这个新商业的试验场中，我们期待从 0 到 1 的创新，也希望《5G 商用》的所有叙述能够引发读者的思考。

即使是对于 5G 的运营者，5G 的商用创新依然是最大课题。如果还以传统思维和套路经营 5G，对于运营商是灾难，而不是福利。这也是为什么很多欧洲国家对 5G 持观望态度的原因所在。巨大的网络建设成本，贫乏的网络收益模式，是悬挂在运营商头上的达摩克利斯之剑。加剧管道化，还是实现 to B 的商业成功，考验着运营商的创新能力。运营商也需要和企业、行业一起，创新 5G 商用，实现价值共赢。

5G 时代已经没有独角戏。5G 需要运营商的变革性创新，需要千行百业的主动参与，也需要更多中间商来“赚差价”。5G 会成就谁？其实，我们谁都说不清楚。三年以后，当新贵矗立在我们左右时，我们就知道今天的行动有多重要。

5G才刚刚开始。5G的未知远大于已知，不确定性远大于确定性。最华丽的PPT都无法演绎5G的创新可能，也不能保证5G创新绝对成功。正如薛定谔的猫一样，当下5G就是“机会主义”的风口。但如果风停了，你还如何扬帆？我们对5G的未来毫不怀疑，但当下我们只关心你能从5G中得到什么？未来10年，你因5G而成长，还是因5G而被你的竞争对手甩出几条街？如果我们都能从5G中真正获益，那么，所谓新经济的发动机、新动能的引擎，对于5G就实至名归了。

不出意外，2020年3月，5G R16规范将冻结。这是面相垂直行业应用的5G的第二阶段全球标准，一些领域诸如车联网、工业互联网技术规范将会在全球范围定调。如果顺利，2021年，5G的第三阶段全球标准R17也将冻结，围绕5G网络智慧化、能力精细化、业务外延化三大方向，以及更多应用场景与商业能力技术增强做出规范。届时，5G to B全部技术标准成熟。所以，现在行动，你将和全球同步。

刚刚闭幕的全国工业和信息化会议明确指出，2020年底力争实现全国地级城市的5G全覆盖。“力争”是一个留有余地的词语，即使如此，一个全球最大规模的巨型5G网已经跃然纸上。通信发展的经验表明，指标通常要定得保守，而发展却要激进许多。我国城乡完全导入5G时代已经不是愿望，商用创新的机会已经从大城向小镇渗透，谁又能预见创新的火花，又该如何绚烂绽放？

科技商业奇才乔布斯说过，领袖与跟风者的区别就在于创新。我们希望《5G商用》能助力你在5G时代的创新思考，10年之后，当你准备扔掉这本书时，留下的却是你下一个 10 年的成功。

最后，我们要真诚地向推荐本书的行业专家表示感谢，向出版本书的人民邮电出版社表示感谢。由于作者水平有限，书中难免有不足与疏漏之处，我们欢迎读者批评指正。

本书全体作者

2019 年 12 月 28 日于北京

目录

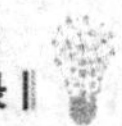

第 1 章

移动通信简史：从 1G 到 4G

在 5G 出现之前，移动通信网络经历了从 1G、2G、3G 到 4G 的发展，在发展过程中还出现了如 2.75G、3.5G、4.5G 这样的半代升级。归根结底，人类为了改变信息的传递方式，正在通过发明创造将有界限的一切转变成无线（限）的一切。通俗地说，人类为了实现可以“打着滚”传递信息的美好愿景，和一切实体信息载体展开了长期的斗争。通过历代通信技术的革新，人类已经能够成功将纸张、线缆等有限制的传输渠道改造成为看不见、摸不着的无线信号，因此不仅缩短了世界的宽度，更加强了人类与宇宙的联系。

移动通信业务和技术标准的演进方向如图 1-1 所示。

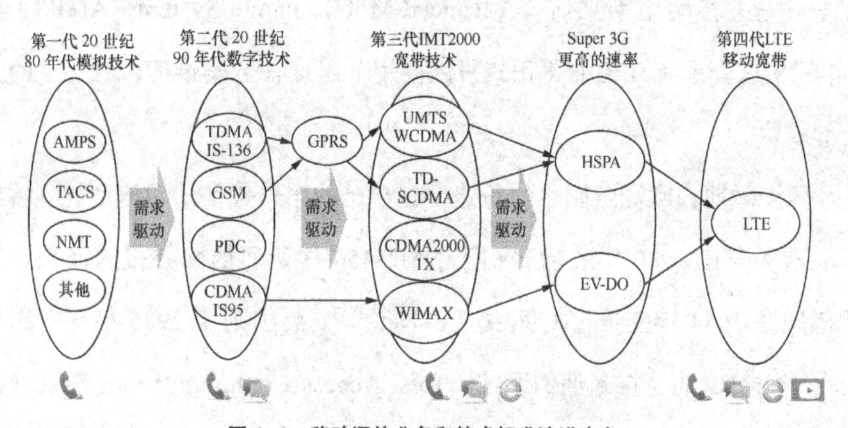

图 1-1　移动通信业务和技术标准演进方向

1.1　第一代移动通信系统

第一代移动通信系统（1G）基于蜂窝结构组网，采用频分多址（FDMA）的模拟调制方式。蜂窝网络是将网络划分为若干个相邻的小区，整体形状酷似蜂窝，以实现频率复用，提升系统容量。

模拟通信的工作原理是将非电信号输入到变换器，使其输出连续的电信号，使电信号的频率或振幅等随输入的非电信号而变化。模拟通信系统主要由用户设备、终端设备和传输设备等部分组成，其工作过程如下：在发送端，先由用户设备将用户送出的非电信号转换成模拟电信号，再经终端设备将它调制成适合信道传输的模拟电信号，然后送往信道传输；到了接收端，经终端设备解调，然后由用户设备将模拟电信号还原成非电信号并送至用户。

1978 年底，美国贝尔试验室成功研制了全球第一个移动蜂窝电话系统——先进移动电话系统（Advanced Mobile Phone System，AMPS）。5 年后，这套系统在芝加哥正式投入商用并迅速在全美推广，获得了商业上的成功。

同一时期，欧洲各国也纷纷建立起自己的第一代移动通信系统。瑞典等北欧 4 国在 1980 年成功研制了 NMT-450 移动通信网并投入使用，联邦德国在 1984 年完成了 C 网络（C-Netz），英国则于 1985 年开发出频段在 900MHz 的全接入通信系统（Total Access Communications System，TACS）。在各种 1G 系统中，美国 AMPS 制式的移动通信系统在全球的应用最广泛，它曾经在 70 多个国家和地区运营，直到 1997 年还在一些地方使用。同时，也有近 30 个国家和地区采用英国 TACS 制式的 1G 系统。这两个移动通信系统是世界上最具影响力的 1G 系统。

我国的第一代模拟移动通信系统于 1987 年 11 月 18 日在广东第六届全运会上开通并正式商用，采用的是英国 TACS 制式。从 1987 年 11 月中国电信开始运营模拟移动电话业务，到 2001 年 12 月底中国移动关闭模拟移动通信网，1G 系统在我国的应用长达 14 年，用户数最高曾达到了 660 万。

由于采用的是模拟技术，1G 系统的容量十分有限。此外，安全性和抗干扰性也存在较大的问题。1G 系统的先天不足使它无法真正大规模普及和应用。与此同时，不同国家的各自为政也使 1G 的技术标准各不相同，国际漫游成为一个突出的问题。随着第二代移动通信系统的到来，这些不足都得到了很大的改善。

1.2　第二代移动通信系统

为了解决模拟系统中存在的根本性技术缺陷，1991 年，第二代移动通信系统（2G）即数字移动通信技术应运而生。2G 采用时分多址接入（Time Division Multiple Access，TDMA）或者码分多址接入（Code Division Multiple Access，CDMA）技术，并采用数字调制技术。与第一代模拟蜂窝移动通信相比，数字通信具有更强的抗干扰能力和无噪声积累的特点，通过合适的调制方式和信道编码以及对应的判决机制可以减少噪声对信号的干扰，数字信号的加密手段更加灵活，可以有效确保信号传输的安全性。2G 提供了更高的网络容量，改善了话音质量和保密性，并可进行自动漫游，因而在商业上取得了巨大的成功。

由于 2G 以传输语音和低速率数据业务为目的，因此也称为窄带数字通信系统。为了解决中速数据传输问题，在 GSM 的基础上又出现了通用分组无线服务（General Packet Radio Service，GPRS）技术和增强型数据速率 GMS 演进（Enhanced Data for GSM Evolution，EDGE）技术和 IS-95B。20 世纪 80 年代中期，我国模拟蜂窝移动通信系统刚投放市场时，世界上的发达国家就在研制第二代移动通信系统。欧洲电信标准协会在 1996 年提出了 GSM Phase 2 +，目的在于扩展和改进 GSM Phase 1 及 Phase 2 中原定的业务和性能。它主要包括 CMAEL（客户化应用移动网络增强逻辑）、S0（支持最佳路由）、立即计费及 GSM 900/1800 双频段工作等内容，也包含与全速率完全兼容的增强型话音编解码技术，使话音质量得到了质的改进。半速率编解码器可使 GSM 系统的容量提升近一倍。在 GSM Phase 2 + 阶段，采用更密集的频率复用、多复用、多重复用结构技术，引入智能天线、双频段等技术，有效地克服了随着业务量剧增所引发的 GSM 系统容量不足的缺陷；自适应语音编码（AMR）技术的应用，极大地提高了系统通话质量；GPRS、EDGE 技术的引入，使 GSM 与计算机通信、互联网有机结合，数据传送速率分别可达到 115kbit/s、384kbit/s，从而使 GSM 功能得到不断增强，初步具备了支持多媒体业务的能力。

2G 时代的标准主要是欧洲的全球移动通信系统（Global System for Mobile Communication，GSM）、北美的高级数字移动电话系统（Digital-Advanced Mobile Phone System，DAMPS）和 IS-95 数字蜂窝标准。1G 时代各国的通信模式系统互不兼容迫使厂商要发展各自的专用设备，无法大量生产在一定程度上抑制了产业的发展，而 2G 时代开始了移动通信标准的争夺战。虽然 2G 时代标准比较多，但已经有“领导性”的网络制式脱颖而出。随着 1989 年 GSM 统一标准的商业化，从欧洲起家的诺基亚

与爱立信开始攻占美国和日本市场。仅仅 10 年时间，诺基亚就力压摩托罗拉，成为全球最大的移动电话生产商。

第二代移动通信系统替代第一代移动通信系统完成从模拟技术向数字技术的转变，但由于第二代采用不同的制式，移动通信标准不统一，用户只能在同一制式覆盖的范围内进行漫游，因而无法进行全球漫游。此外，由于第二代移动通信系统带宽有限，限制了数据业务的应用，因而也无法实现高速率的业务，如移动的多媒体业务。

1.3　第三代移动通信系统

第三代移动通信系统（3G）是在第二代移动通信系统基础上进一步演进的以宽带 CDMA 技术为主，并能同时提供话音和数据业务的移动通信系统，是有能力彻底解决第一、第二代移动通信系统主要弊端的一代先进的移动通信系统。3G 的目标是提供包括语音、数据、视频等丰富内容的移动多媒体业务。具体地讲，3G 业务可以分为基本业务和新兴业务。其中，基本业务一般有短消息业务、WAP 业务、多媒体消息业务、定位服务业务及 OTA 下载业务。

3G 系统的三大主流标准分别是 WCDMA（宽带 CDMA）、CDMA2000 和 TD-SCDMA（时分双工同步 CDMA）。WCDMA 和 CDMA2000 属于频分双工方式（Frequency Division Duplex，FDD），而 TD-SCDMA 属于时分双工方式（Time Division Duplex，TDD）。WCDMA 和 CDMA2000 是上下行独享相应的带宽，上下行之间需要频率间隔以避免干扰；

TD-SCDMA是上下行采用同一频谱，上下行之间需要时间间隔以避免干扰。

20世纪末，美国高通公司独创了CDMA数字蜂窝移动通信系统。后来历经10年坎坷，韩国攻克了CDMA技术的诸多问题，使用户数达到100万户，其优越性才得到全球业界公认。

1997年，国际电信联盟（ITU）启动了无线传输技术方案征集工作。此时欧洲已发展2G，于是ITU就将FPLMTS转为3G。截至1998年6月30日，ITU共收到美、欧、日、韩、中等提交的15个提案，经过无线传输技术评估接入网融合成5种、核心网融合成2种。

5种接入网分别如下：

（1）CDMA DS（WCDMA），FDD；

（2）CDMA MC（CDMA2000），FDD；

（3）TD-SCDMA及UTRA CDMA，TDD（实际两种）；

（4）TDMA MC（UWC-136），FDD；

（5）TDMA SC（UP-DECT），TDD。

2种核心网分别如下：

（1）GSM MAP用于CDMA DS，以便继承当时的GSM系统；

（2）ANSI 41用于CDMA MC，以便兼容当时的IS-95 CDMA系统。

由于公认两种TDMA制式没有前景，其被束之高阁，而2G杀出的黑马CDMA频谱效率较高，因此，欧洲的WCDMA、美国的CDMA2000和我国的TD-SCDMA成为3种主流制式，3G标准就这样诞生了。

3G并不是“为了新出现的移动互联网需求而诞生”。事实上由于当时的国际环境及历史局限，标准存在两大问题：第一，本来希望一部手机通遍天下，结果并没有统一；第二，原来3G的发展目标是沿着有线固定通信的老思路定位在“移动的ISDN”，也叫“一线通”的2B + D传输速率144kbit/s，最高仅384kbit/s。当时并没有料到1996年后互联网会飞速发展，因此，欧美标准根本就没有考虑适应互联网的要求，这样3G便处于一种高不成、低不就的尴尬状态。而且，WCDMA和CDMA2000都存在不适应互联网接入等非对称业务的致命弱点，以致到2005年，日本电信运营商、欧洲和黄（李嘉诚旗下电信运营商和记黄埔，2000年进入3G市场，覆盖欧洲大多数国家）等发展缓慢，经营困难，甚至巨额亏损，欧美的3G商用一再延期。这就迫使WCDMA标准不得不修改升级，于是产生了3.5G的高速下行分组数据接入HSPA标准，3G这才获得发展。

TD-SCDMA标准的名称本身就表明，这种标准采用的时分双工是以S开头的智能天线（smart antenna）、软件无线电（softradio）和上行链路同步（synchronisation）三项关键专利技术综合开发成的CDMA移动通信系统。

2009年1月7日，我国最终决定同时发放三张3G牌照，涵盖了2000年ITU推荐的三种技术体系，这在全球是独一无二的。从此，TD-SCDMA、WCDMA及CDMA2000都踏上了正式运营之路。当时在世界范围内，WCDMA和CDMA2000的应用较多，有上千款终端，就像两个在全球移动通信市场历练了多年的身强力壮的大汉；而TD-SCDMA的商用较晚，还是一个刚踏进市场、缺乏锻炼的少年，尚处于弱势。

在全国TD-SCDMA产业界与中国移动的艰苦努力下，从2013年开始，TD-SCDMA呈井喷式爆发增长，前11个月新增的用户数达9276万户，是中国电信与中国联通两家用户数之和的 1.6 倍。新款 3G 手机型号核准数超过二者，达到了与 WCDMA 手机三同——同步、同价、同质的目标。从 2000 年 NTT DoCoMo 开始建网商用，WCDMA 经过 14 年发展所达到的水平，TD-SCDMA 只用 4 年就赶上了，这在移动通信领域实在是一个奇迹。

实践证明，TD-SCDMA 具有以下适应移动互联网需求的技术优势。

第一，采用 TDD 技术，它利用了语音通信的特点，当一方讲话时对方都是在听的，因此只用一个下行路，上行路是空闲的；还有互联网非对称业务的特点，从网上下载的远远多于上传的，因此也是下行路忙、上行路闲；只要一个频段，按需分配上行或下行的时间。所以，TD-SCDMA 有其节约频谱的天然优势，符合移动互联网的发展方向。TD-SCDMA 只需 1.6MHz 带宽，而 FDD 的 CDMA2000 需要 1.25×2MHz 带宽，WCDMA 需要 5×2MHz；其话音频谱利用率是 WCDMA 的 2.5 倍，数据频谱利用率甚至超过 WCDMA 的 3 倍；且无须成对频段，便于运营商获取。

第二，采用智能天线，可降低发射功率，减少多址干扰，提高系统容量；采用接力切换，可克服软切换大量占用资源的缺点；采用 TDD，不要双工器，可简化射频电路，系统设备和手机成本较低。

第三，采用软件无线电更易实现多制式基站和多模终端，系统易于升级换代，通过 TD/GSM 双模终端可适应二网一体化的要求。

人们认识到当时的 TDD 体制有小区不能大于 10 公里、运动速度不能超过 120km/h 的局限性，仅适用于数字无绳移动通信系统，而蜂窝公众移动通信系统所有两代都是 FDD 体制。TD-SCDMA 采取了一系列技术措施，在青岛海域组建了覆盖半径60km的大区网，在上海磁悬浮铁路满足了400km/h的高速列车上的通话要求，克服了TDD微区、慢速的局限性。这样，TD-SCDMA不但能够大范围覆盖、高速移动和高速传输数据，适于独立组网，而且具有频谱效率高、适合非对称业务、性价比高、适于2G网络过渡和技术升级等突出优势，从而在公众移动通信领域为移动互联网探寻了一条新航线，也为电子信息产业开垦了一块丰收的处女地。因此，TDD体制为后续4G、5G的TD-LTE奠定了技术基础与产业基础。

智能天线使用光纤拉远技术解决了9根天线阵与27条馈送电缆的工程困扰，为后续4G、5G采用多输入—多输出（Multi-In Multi-Out，MIMO）天线技术创造了条件。

软件无线电为后续5G的软件定义网络（Software Defined Network，SDN）、网络功能虚拟化（Network Function Virtual，NFV）技术开了先河。

尽管3G的CDMA多址技术在后续各代中已被扬弃，但至今还在运营服务。特别是TD-SCDMA为通信适应互联网接入探寻了一条新航线，功不可没。

1.4 第四代移动通信系统

第四代移动通信系统（4G）在3G的基础上发展起来，数据传输速率更快，质量也更高。

4G技术包括TD-LTE和FDD-LTE两种制式。4G是集3G与WLAN于一体，并且能够快速传输数据、高质量音频、视频和图像等。4G能够以100Mbit/s以上的速率下载，并能够满足几乎所有用户对无线服务的要求。此外，4G可以在DSL和有线电视调制解调器没有覆盖的地方部署，然后扩展到整个地区。

很明显，4G通信技术的创新使其与3G通信技术相比具有更大的竞争优势。

（1）通信速度快

由于人们研究4G通信的最初目的就是提高蜂窝电话和其他移动装置无线访问互联网的速率，因此4G通信给人印象最深刻的特征莫过于它具有更快的无线通信速度。

第一代模拟式移动通信系统仅提供语音服务。第二代数位式移动通信系统的数据传输速率也只有9.6kbit/s，最高可达32kbit/s，如PHS。第三代移动通信系统的数据传输速率可达到2Mbit/s。第四代移动通信系统的数据传输速率则可达到20Mbit/s，甚至最高可以达到100Mbit/s，这种速率相当于2009年最新手机传输速率的1万倍左右、第三代手机传输速率的50倍。

（2）网络频谱宽

要想使4G通信达到100Mbit/s的传输速率，通信营运商必须在3G通信网络的基础上进行大幅度的改造，以便使4G网络在通信带宽上比3G网络蜂窝系统的带宽高出许多。研究4G通信的AT&T的执行官们表示，估计每个4G信道会占有100MHz的频谱，相当于WCDMA 3G网络

的 20 倍。

（3）通信灵活

从严格意义上说，4G 手机的功能已不能简单划归“电话机”的范畴，毕竟语音资料的传输只是 4G 移动电话的功能之一而已。因此，4G 手机更应该算得上是小型电脑了。而且，4G 手机从外观和样式上有更惊人的突破，人们可以想象的是以方便和个性为前提，眼镜、手表、化妆盒、旅游鞋等任何一件能看到的物品都有可能成为 4G 终端。

4G 通信使人们不仅可以随时随地通信，而且可以双向下载传递资料、图片、影像，更可以和从未谋面的陌生人网上联线对打游戏。也许人们有被网上定位系统永远锁定而无处遁形的苦恼，但是与它据此提供的地图带来的便利和安全相比，这简直可以忽略不计。

（4）智能性高

4G 通信的智能性更高，不仅表现在 4G 通信终端设备的设计和操作具有智能化，例如，对菜单和滚动操作的依赖程度会大大降低，更重要的是 4G 手机可以实现许多令人难以想象的功能。例如，4G 手机能根据环境、时间以及其他设定的因素来适时地提醒手机用户此时该做什么事或者不该做什么事；4G 手机可以清楚地显示电影院售票及座位情况，人们可以根据这些信息来在线购买自己满意的电影票；4G 手机可以被看作是一台手提电视，人们能用来看体育比赛之类的各种现场直播。

（5）兼容性好

要使 4G 通信尽快地被人们接受，还应该考虑到现有通信的基础，以便让更多现有通信用户在投资最少的情况下就能很轻易地过渡到 4G 通信。因此，从这个角度来看，4G具备全球漫游、接口开放、能跟多种网络互联、终端多样化以及能从2G平稳过渡等特点。

（6）提供增值服务

4G通信不是从3G通信的基础上经过简单的升级而演变过来的，它们具有不同的核心技术。3G移动通信系统主要是以CDMA为核心技术，而4G移动通信系统则以正交频分复用技术（OFDM）最受瞩目，人们利用这种技术可以实现无线区域环路（WLL）、数字音频广播（DAB）等方面的无线通信增值服务。但是，考虑到与3G通信的过渡性，4G通信系统不会仅仅只采用OFDM一种技术，CDMA技术会在4G通信系统中与OFDM技术相互配合，以便发挥更大的作用。4G进行了相应的整合技术，如OFDM/CDMA的产生。例如，数字音频广播真正运用的技术是OFDM/FDMA的整合技术，这便是利用两种技术的结合。因此，以OFDM为核心技术的4G也结合了两项技术的优点，其中一部分则是CDMA的延伸技术。

（7）高质量通信

4G不仅仅是为了顺应用户数的增加，更重要的是必须满足多媒体的传输需求，当然还包括通信品质的要求。总体来说，4G必须可以容纳市场庞大的用户数、改善前代技术通信品质，以及达到高速数据传输的要求。

（8）频率效率高

相对于3G，4G在开发研制过程中使用和引入了许多功能强大的突破性技术。例如，一些光纤通信产品公司为了进一步提高无线互联网的主干带宽宽度，引入了交换层级技术，这种技术能同时涵盖不同类型的通信接口。也就是说，4G主要是运用路由技术（Routing）为主的网络架构。由于利用了几项不同的技术，所以4G无线频率的使用比2G和3G有效得多。

当3G的数据通信兴起后，手机有两项革新：一是装上了摄像头，可以照相、拍短视频；二是用上了触摸彩屏，可以显示相片、播放视频，从原来的功能手机升级为智能手机，能够提供多媒体业务，完美地为人们的视觉、听觉服务。人类梦寐以求的千里眼成了现实，这使单一的移动语音业务开始下滑。

由于相比3G上网速度更快，4G带来了很多与普通人生活强关联的应用。例如，我们旅游到了一个新的城市，拿着手机导航，想去哪都有明确的方向，不用到处打听或者随身带着一份当地的地图。类似的应用还有移动支付、打车、叫外卖等。

4G普及之后，微信、视频一起爆发，占用大量数据流量的视频就登上了移动互联网的舞台。目前，4G如日中天，视频市场直线上升，视频是当前4G的杀手锏式业务。例如，微信这个社交产品创新了应用二维码实现支付功能，一个社交平台最后发展成为一个服务平台，涌现了大量的小程序，这是传统的社交不能比拟的；拼多多把社交和电子商务结合起来，通过社交形成了强大的推销能力。

2017年5月，“一带一路”沿线的20国留学生评选出了我国的“新四大发明”：扫码支付、共享单车、网购和高铁，刷新了留学青年对我国的认识。2013年底，中国移动、中国联通、中国电信三大运营商同时获得了 4G 的 TD-LTE 牌照。经过 5 年一同发力建设，4G 网络以前所未有的速度迅猛发展，建成了全球最大的 4G 网络、350 万个基站，超过了过去 2G、3G 时代的建站数，在我国实现了城区、县城深度覆盖，乡镇和重点行政村，以及高铁、地铁、高速、景区等基本覆盖。在此基础上，基于 4G 的“新四大发明”才可能遍地开花。

1.5 技术变革重新定义市场

从 1G 到 4G，蜂窝移动通信每 10 年完成一次标志性的技术革新，经历了从语音业务到高速宽带数据业务的飞跃式发展。

每一代移动通信的发展都重新定义了市场。在美国诞生的第一代模拟通信技术让通信不再受限于固定电话线的束缚；GSM 的出现让全球有了统一的标准，实现了全球业务的互联互通；3G 时代，苹果智能终端的出现促进了移动互联网快速发展，第一次真正实现了电信运营商网络和业务的解耦；4G 时代，平台型的企业快速成长，应用商店成熟，生态系统平稳发展。在 2G、3G、4G 的发展过程中，互联网的阵营和运营商的阵营出现市值的变化。以全球最具代表性的 5 家互联网公司——谷歌、苹果、脸书、亚马逊、微软为例，市值从 2010 年的 0.6 万亿美元增加到 2018 年的 3.7 万亿美元，增长率达到 617%。而同期，全球 25 家电信运营商的市值从 1 万亿美元到 1.25 万亿美元，增长幅度仅为 25%。

全球运营商面临市值考验，与此同时我国亦如此。从 2G 到 4G，电信运营商与互联网企业的竞争合作伴随着我国接入互联网的 25 年发展历程，二者的关系大致分为三个阶段。第一阶段是互联网公司作为电信运营商服务补充部分存在，此时的电信运营商是整个产业链的利益分配者。中国移动打造的移动梦网模式赋予了互联网企业接入收费能力，在 2000 年前后的那一轮互联网泡沫中，新浪、搜狐等初创企业得以生存成长。第二阶段是 3G 时代，互联网公司通过优质的服务让用户产生了巨大的黏性，逐步掌握了利益的分配权，互联网的业务替代了运营商传统业务，电信运营商逐步变成了数据流量的管道。二者矛盾加剧，“微信收费”是这一时期的代表事件。在这一时期，行业步入以互联网为主导的发展阶段，非话收入占比达五成以上，智能终端渗透率也超过 50%。第三阶段是 4G 时代，为了构建所有数据流量的载体，运营商倾力于光纤宽带网络和 4G 网络建设。但 OTT 大潮更加汹涌，不仅短信被替代，曾是运营商安身立命的语音也面临被替代的境地，运营商进入微增长时代。2014 年全国基础电信增速下滑至 12%，主要原因是移动互联网业务收入增幅难以抵消语音传统业务的下滑幅度。在这种严峻的形势下，曾经被视为运营商未来的智能管道之路在机制体制各项制约下已经走不通。随着铁塔公司成立、提速降费落地、5G 提上日程，信息通信业进入新的发展阶段，运营商开始与互联网全面合作。

我国公众移动通信产业经过 30 多年的高速增长，实现了从“2G 跟随”“3G 突破”到“4G 同步”的跨越。在我国，4G 以前所未有的速度迅猛发展，建成了全球规模最大的 4G 网络。为了应对未来爆炸性的移动数据流量增长、海量的设备连接、不断涌现的各类新业务和应用场景，5G 也应运而生。

第 2 章

5G 开启移动通信新纪元

2.1　5G 的内涵

5G 是第五代移动通信技术的简称，代表了未来 5～10 年移动通信的发展方向。我国移动通信技术历经 30 多年的发展，已经过五次革新，发生了翻天覆地的变化。1G 时代只能打电话，2G 时代能发短信，3G 时代能视频通话、上网；4G 时代进一步提升通话质量和上网速率，催熟了手机游戏、小视频、直播等应用，这些应用不仅丰富了人们的社会生活，还推动了互联网、游戏等产业的发展。

4G 改变生活，5G 改变社会。与传统移动通信技术不同，5G 不仅将聚焦人的连接，提升通话质量和上网速率，还将聚焦物与物、人与物的连接，催生无人驾驶、远程医疗、智能制造等各行各业的应用。更有专家表示，80% 的 5G 应用将聚焦物与物的连接。那么，5G 如何能够改变社会？实际上，5G 具备高速率、低时延、大连接三大性能。根据 3GPP 的定义，5G 需要具备八大关键能力指标，即峰值速率达到 20Gbit/s、用户体验速率达到 100Mbit/s、频谱效率比 IMT-A 提升 3 倍、移动性达 500km/h、时延达到 1ms、连接密度每平方公里达到 10 的 6 次方个、能效比 IMT-A 提升 100 倍、流量密度每平方米达到 10Mbit/s。这意味着 5G 的峰值速率和用户速率提升到 4G 的 10 倍以上，时延降低到 1/10，可靠性能够达到 99.999%。

3GPP 为 5G 定义了三大典型应用场景，如图 2-1 所示。

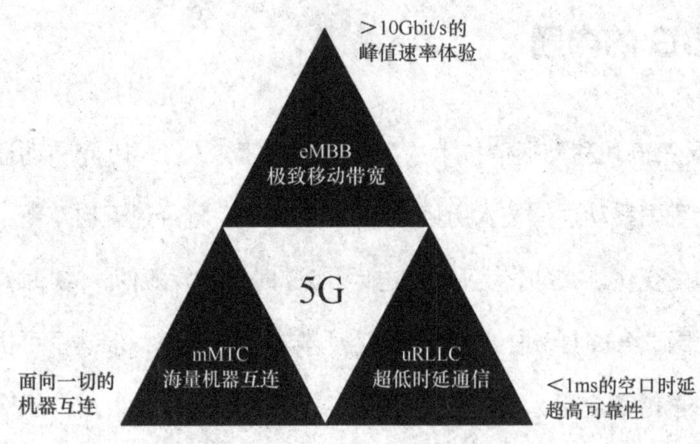

图 2-1 3GPP 定义的 5G 三大应用场景

eMBB 场景主要是针对普通用户，能够显著提升用户的上网体验，让用户流畅地观看 4K/8K 超高清视频、畅玩 VR/AR 等娱乐游戏。这类场景对带宽的要求极高，需要满足一些关键性能指标。例如，用户体验速率需要达到 100Mbit/s（热点场景可达 1Gbit/s），峰值速率要达到每秒数十吉比特，流量密度要达到每平方公里每秒数十太比特，移动速率要达到 500km/h 以上。同时，VR 等交互性应用对时延非常敏感，需要 10ms 级的时延。

mMTC 场景和 uRLLC 场景主要针对垂直行业。mMTC 场景能够支持智慧城市、智能家居等海量连接的应用，这类场景对连接密度要求比较高，同时要求具备终端低功耗特性。uRLLC 能够支持高可靠应用，诸如智能制造、智能网联汽车等，这类场景聚焦对时延极其敏感的业务，对可靠性的要求非常高（99.9999%），甚至 100% 的可靠性。借助 5G 的超高性能，结合云计算、AI、大数据等新兴技术，将给各行各业带来一场颠覆式的变革，助力交通、教育、医疗、渔业、电力等向数字化转型。因此，业界均认为，5G 将拉动新一轮的商业蓝海。中国信息通信研究院发布的《5G 经济社会影响白皮书》指出，预计 2030 年，5G 带动的直接总产出将达 3.6 万亿元，经济增加值达 2.9 万亿元，就业岗位将增加 800 万个。正因为有如此大的商业市场，全行业都在积极探索如何 + 5G。

在医疗领域，2019 年 3 月，中国人民解放军总医院第一医学中心成功完成了全国首例基于 5G 的远程人体手术——3000 公里之外的海南医院专家通过 5G 网络，为身在北京的患者完成了帕金森病“脑起搏器”植入手术。手术之后，北京的患者已经从 301 医院重症监护室转入普通病房，术后状态良好。

在视频直播领域，2019 年除夕，央视春晚主会场与深圳分会场成功实现 5G + 4K 超高清直播视频顺利接通和传送，画面流畅、清晰、稳定。随后的全国“两会”期间，中国移动在这次“两会”新闻中心、北京代表驻地北京会议中心、天安门广场等重要地标建设了 5G 网络，保障了新闻中心 5G + 4K 高清直播功能。

在智能制造领域，智能制造已经成为诸多国家的发展战略，如德国“工业 4.0 平台”、美国“工业互联网计划”等。我国正积极布局工业互联网，抓住 5G 发展机遇，推动企业进行数字化转型。2019 年 9 月，爱立信宣布南京自动化工厂转型完成，支持 4G 和 5G 产品生产的自动化包装线，并已于 2019 年第二季度开始投入使用。

诸如这样的 5G 应用还有很多，它们体现了 5G 的潜能。近两年，5G 将主要针对 eMBB 场景，实现网络速率的提升。从世界来看，目前许多国家已经开始进行5G商用，如韩国、美国、德国、英国、芬兰等已经在部分城市推出了商用网络。

从国内来看，2019年6月，我国四家运营商获得了5G牌照，北京、上海、广州、深圳、武汉、成都等城市已经开始进行5G试验网建设。此前，三大运营商已经获得5G中低频段试验频谱：中国移动获得2515～2675MHz、4800～4900MHz频段的5G试验频率资源；中国联通获得3500～3600MHz共100MHz带宽的5G试验频率资源；中国电信获得3400～3500MHz共100MHz带宽的5G试验频率资源。

在获得中低频段试验频谱之后，我国三大运营商马不停蹄地在全国各大城市铺开了5G商用试点。例如，中国移动在12个城市开展了5G应用示范，在5个城市开展了规模试验；中国联通围绕京津冀、长三角、珠三角、直辖市及中部重点城市开展了17个试点城市的5G业务示范及网络试验工作；中国电信全力打造5G示范工程，开展了17个城市规模试验。截至2019年7月底，中国铁塔已在北京建成7863个5G基站，在上海建成3000多个，在广州建成5000多个，在深圳建成约3800个。2019年底，北京、上海、成都、深圳、武汉、杭州等城市建设的5G基站数已经超过1万个。虽然基站数量远远达不到覆盖全国的能力，但是在短短时间内建设成如此多的5G基站，充分体现了三大运营商想要快速铺开5G网络的信心。

目前，华为、中兴、小米、三星等品牌均发布了5G手机。其中，小米9 Pro的最低售价为3699元，中兴Axon10 Pro的最低售价为4999元，华为首款Mate20X 5G的最低售价为6199元，三星Note10+5G版的最低售价为7999元。但从目前来看，国际运营商均选择以非独立组网开局、向独立组网过渡的建网模式，而终端也普遍只支持非独立组网模式，只有华为Mate20X 5G能够支持独立组网和非独立组网两种模式。

独立组网是指新建5G网络，包括新基站、回程链路以及核心网。独立组网引入了全新网元与接口，同时还将大规模采用网络虚拟化、软件定义网络等新技术，并与5G新空口结合，其协议开发、网络规划部署及互通互操作所面临的技术挑战将超越3G和4G系统。而非独立组网是利用4G核心网，可以充分复用运营商现有资源，无须重新构建核心网，是快速、高效建网的模式。但是，非独立组网只能用于5G三大应用场景之一的eMBB，还无法用于uRLLC、mMTC。

为了继续加速5G网络的全国覆盖，中国联通与中国电信于2019年9月9日签署了《5G网络共建共享框架合作协议书》。根据这份合作协议，中国联通将与中国电信在全国范围内合作共建一张5G接入网络，双方划定区域，分区建设，各自负责在划定区域内的5G网络建设相关工作。同时，5G网络共建共享采用接入网共享方式，核心网各自建设，5G频率资源共享。双方联合确保5G网络共建共享区域的网络规划、建设、维护及服务标准统一，保证同等服务水平。双方各自与第三方的网络共建共享合作不能不当损害另一方的利益。双方用户归属不变，品牌和业务运营保持独立。

网络建设区域共分三种类型。第一，双方以各自的4G基站（含室分）总规模为主要参考，在15个城市分区承建。其中，在北京、天津、郑州、青岛、石家庄5个城市，中国联通与中国电信的网络建设区域比例为 6∶4；在上海、重庆、广州、深圳、杭州、南京、苏州、长沙、武汉、成都10个城市，中国联通与中国电信的网络建设区域比例为4∶6。第二，在广东和浙江省内，中国联通将独立承建广东省 9 个地市、浙江省 5 个地市的网络，中国电信将独立承建广东省 10 个地市、浙江省 5 个地市的网络。第三，中国联通在前述地区之外的北方 8 省、中国电信在前述地区之外的南方 17 省独立承建网络。

从三大运营商开启的 5G 套餐预约活动情况来看，消费者响应非常积极。截至 2019 年 9 月 25 日，中国移动 App 的 5G 专区参与 5G 预约活动的用户已经超过212万人。而中国电信5G套餐单日预约量已经超过51万人。

既然 5G 网络已经快速铺开，5G 终端也已经陆续上市，那么消费者就开始关注 5G 资费套餐将如何定价。如前所述，5G 具备大容量、低时延、海量连接等多种特性，而这些均可以作为 5G 定价设计的因素。目前，我国三大运营商主要部署非独立组网 5G 网络，独立组网模式要等到 2020 年才能相对成熟。因此，5G 商用初期的主要用户是普通消费者，可以依托速率和时延进行定价；而之后如果面向垂直行业，则可以综合网络切片等技术来付费。

针对不同行业的不同需求，5G 系统需要支持速率、时延、吞吐量、定位、计费、安全和可靠性的定制组合。独立电信分析师云晴认为，速率、时延、多切片及网络的各类性能均可以作为 5G 资费设计的因素，而且这些因素还能够和应用结合在一起形成服务能力，这和传统的定价方式有很大的差异。云晴表示，从 3G 开始，尤其在 4G 时代，流量就在运营商定价体系中起到重要作用。一直以来，运营商对流量的关注点集中在容量

方面，虽然运营商所提供网络的峰值速率、时延等性能指标非常影响用户的网络体验，但是不会影响套餐资费。处于相同 4G 网络覆盖的情况下，每个用户体验的网络速率只能靠自己来抢占，时延也没法得到保障。在资源得不到保障的情况下，用户无法真正体验到不同服务等级标准（SLA）的服务。

5G 时代，瑞士电信、芬兰 Elisa 均根据网络速率而不是网络容量制定资费标准，通过“自由选择所需场景对应的网速”的方式把“场景定义权”交还给用户。例如，芬兰运营商 Elisa 以最高速率为标准进行定价，最低每月 315 元可享受最高 600Mbit/s 的网速且不限量。与此同时，提供不同的网络时延，或将时延与网络峰值速率结合，提供不同网络切片服务等，均将成为运营商定价的因素。用户可以选择支付阶梯型的资费，选择不同的服务等级。这种更加多元化的定价形式也提上了国内运营商的日程。中国联通董事长王晓初曾表示，从长远的计划来看，将根据不同的用户质量和速度来差异化定价。

2019 年作为 5G 商用元年，网络、终端、产业链都在积极准备，迎接 5G 商用。目前我国 5G 尚未商用，与各行各业的融合也还处于探索阶段，但是全社会都非常看好 5G 的能力，无论是普通消费者还是企业都在跃跃欲试，希望成为第一批尝鲜者，尽享 5G 红利。

2.2 5G 的驱动力

3GPP 为 5G 定义了 eMBB、mMTC、uRLLC 三大应用场景，针对这

三大应用场景衍生了大量的应用。但是与个人应用相比，5G 对行业发展的驱动力更大。工业和信息化部部长苗圩在新中国成立 70 周年工业通信业发展情况发布会上表示，对于广大用户而言，4G 手机够用了，5G 真正的应用场景，80% 应该是用在工业互联网领域。事实上，车联网、远程医疗、媒体、工业互联网都是当前对 5G 研究最多、应用起步最早的领域。

2.2.1 车联网

早在 2G 时代，车联网就已经开始应用于部分车型和车载设备。例如，通用安吉星曾经使用中国电信 CDMA 网络为车主提供网络服务。随后的 3G、4G 时代，车联网应用更加丰富，已经实现交通信息提示、地图更新、OTA 固件更新及娱乐服务等。看得出来，车联网与每一代通信技术都可以进行深度融合，并依靠新一代通信技术获得能力提升。那么，5G 通信技术能为车联网带来哪些新的应用呢？最显眼的应用就是可以实现自动驾驶。

要想实现自动驾驶，就需要通过摄像头、雷达、激光雷达等传感器收集全面的路况环境信息，再依靠硬件终端和云端服务器对信息进行处理和分析，最后做出接近 100% 的安全性决策。目前自动驾驶技术的实现，最难之处不在于车载传感器对路况信息的收集，而在于车与外界的信息交换。这里的外界信息是指中远距离的道路车况信息、天气信息、路面环境信息等，这些信息是无法通过车载传感器及时收集得到的，需要借助车体以外的传感器。

目前，国际上公认的车体与外界进行信息交换所使用的无线通信技术就是 V2X，其主要包括 V2N（车辆与网络 / 云）、V2V（车辆与车辆）、V2I（车辆与道路基础设施）和 V2P（车辆与行人）等。在 4G 网络环境下，V2N 能够获得很好的支持。但是，4G 网络的时延较高，无法满足 V2V、V2I 和 V2P 的毫秒级时延要求，这就需要用到 5G 网络。在 5G 网络中，V2X 通信可以实现近实时级的高清视频传输，能够为道路上高速行驶的车辆提供全路况实时监控信息。而且，5G 网络切片技术可以为联网车辆提供始终如一的低时延和高速率服务保障，避免车辆进入网络拥堵地区变成“瞎子”和“聋子”的尴尬。

值得注意的是，5G 网络中的 V2X 通信保障了车辆与外界实时的信息沟通。但是，道路上行使的车辆数量庞大，如果通过中心机房进行信息实时存储、实时处理和实时交换是不可能实现的，这就需要边缘计算技术的支持。5G 核心网控制面与数据面彻底分离，网络虚拟化技术能够令网络部署更加灵活，从而实现分布式的边缘计算部署（见图 2-2）。边缘计算能够将更多的数据计算和存储从中心机房下沉到边缘侧，部署于接近数据源的地方。一些数据不必再经过网络到达云端处理，从而降低了时延和网络负荷，也提升了数据的安全性和隐私性。显而易见，与边缘计算相结合，将最大限度地保障自动驾驶的安全性。行业预测，未来对于靠近车辆的移动通信设备，如基站、路边单元等或均将部署车联网的边缘计算，以完成本地端的数据处理、加密和决策，并提供实时、高可靠的通信能力。

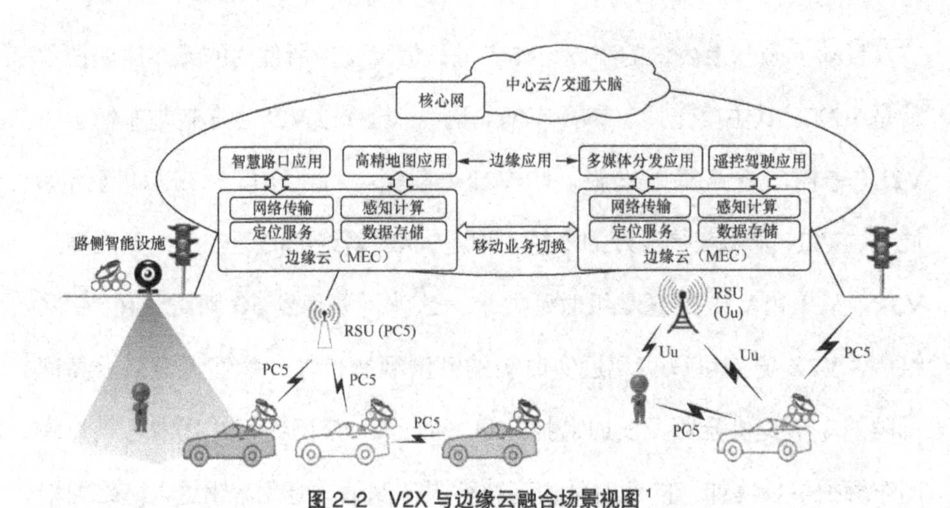

图 2-2　V2X 与边缘云融合场景视图[1]

2.2.2　远程医疗

与车联网的发展历史类似，远程医疗的发展历史也相对较长。20 世纪 50 年代后期，“远程医疗”这个名词开始出现，但是当时由于信息传输技术受限，并没有取得进展。直到 20 世纪 80 年代后期，信息传输技术获得了较快的发展，尤其是多媒体技术的应用，使图片、声音、视频能够更清晰并快速地送到医生和患者的面前。尽管远程医疗发展至今取得了很大的进步，但是仍然面临新的困难。例如，图像、音频信号无法实现高清传输；由于网络限制，信息传输的实时性无法实现，无法保障医生远程诊断和医治的准确性。

5G 网络的高带宽、低时延特性能够克服上述困难，让远程医疗迅速普及成为可能，甚至出现了远程实时医疗手术的新应用场景。在高带宽方

1　MEC 与 C-V2X 融合应用场景白皮书，IMT-2020（5G）推进组，2019.01.

面，医疗机构能够利用 5G 网络实现 4K 高清远程医疗视频传输、远程会诊、远程诊断、远程监护、远程查房、远程超声、应急救援、远程医学教育，乃至 VR、AR、MR 等沉浸式医疗场景应用。在低时延方面，医疗机构能够利用 5G 网络实现实时远程手术操控、院区和设备高效管理。事实上，远程手术操控是医疗机构与运营商、设备商共同努力要实现的 5G 新应用场景。

目前，三大运营商已经与国内医疗机构开展了一系列远程医疗手术，取得了比较明显的效果。例如，2019 年 3 月 16 日，中国人民解放军总医院在中国移动和华为公司的帮助下成功完成了全国首例基于 5G 的远程人体手术——帕金森病“脑起搏器”植入手术。本次手术通过 5G 网络跨越 3000 公里，成功实现了位于北京的中国人民解放军总医院第一医学中心与海南医院之间的帕金森病“脑起搏器”植入，实现了 5G 远程手术操控。同年 6 月 27 日，北京积水潭医院院长田伟在机器人远程手术中心，利用中国电信 5G 网络和华为通信技术，通过远程系统控制平台与嘉兴市第二医院和烟台市烟台山医院同时连接，成功完成了全球首例骨科手术机器人多中心 5G 远程手术。

5G 网络高速率、低时延、大连接的特性，可有效保障远程手术的稳定性、可靠性和安全性，使专家可随时随地掌控手术进程和病人的情况。5G 远程手术是新型信息通信技术与医疗技术的创新应用，对于助力远程医疗的发展、降低患者的医疗成本、实现优质医疗资源下沉具有非常重要的意义。

2.2.3 媒体领域

媒体是当前视频类业务成为主流媒体形式，更是充分体现5G三大应用场景优势的集大成者。5G以其高带宽、低时延、大连接的特性，能够从图像分辨率、视场角、交互三条主线提升视频类业务的用户体验。其中，视频类媒体图像分辨率由高清发展到4K、8K；视场角由单一平面视角向VR和自由视角发展，对通信网络带宽提出了更高的要求；交互类业务的发展对通信网络的时延提出了更高的要求。

第一，在图像分辨率方面。5G网络的出现能够推动视频分辨率由普通高清提升到4K/8K清晰度，特别是促进超高清视频直播的发展。这是因为超高清视频直播不仅分辨率要达到4K甚至8K，而且帧率要达到50帧以上，图像采样比特要提升到10比特；同时，图像增加HDR标准，多个较高视频参数叠加需要巨大的数据传输量，对带宽的要求非常高。因此，5G技术的商用自然成为超高清视频直播的重要推手。其直接体现就是观众在超高清视频中可以实时看到更清晰的细节，如演唱会上表演者的毫发、毛孔、表情等都会一览无余，从而极大地提高了观众的收视体验。

第二，在视场角方面。5G网络下，用户观看VR、AR视频的体验将会获得前所未有的提升。在5G网络的支持下，创作者们可以制作和传输360°全景视频、CG类VR视频、AR导航类视频，丰富视频内容的表现形式，进而推动视频制作机构的变革和发展。

第三，在交互类业务方面。交互类业务不仅限于VR、AR在线游戏，还有教育、医疗、安防、购物、旅游等领域的行业应用，如远程互动教学、远程医疗手术、VR旅游等。这类应用不仅要求1Gbit/s以上的带宽，

而且要求低至毫秒级的时延。4G 网络难以满足这样的严苛要求，只有 5G 网络商用后才能让上述应用有机会得到普及。未来，在创新通信技术的推动下，5G 与媒体的融合将不断深入，5G 新媒体应用也将从初期的采、编、传，逐渐渗透到云化制作生产、全息通信的引入，以及形成平台化的生产传播融合平台，并面向未来探索沉浸式体验等更新的技术。

2.2.4 工业互联网

5G 技术能够实现泛在海量的互联，从而赋能工业互联网连接的多样化、性能的差异化、通信的多样化，促进工业互联网创新发展。目前，工业互联网在 5G 环境下已经有多方面的应用，主要聚焦以下几个方面。

（1）**工业智能传感器**

工业互联网通过射频识别、传感器等对工业生产的全生命周期实现不同维度的信息监控和收集，包含人员、流程、设备、原料、生产环境等多种数据信息。在这个过程中，成千上万个传感器和执行器的功能型号随生产场景的不同而存在一定的差异，它们之间的联系需要依靠 5G 技术的支持。当生产制造环节对环境敏感程度要求较高时，传感器收集信息后需要进行极低时延的信息传递，信息快速到达执行器件进行高精度的生产制造。在这个过程中，5G 技术能够很好地实现低时延、高可靠的需求，有效提高网络可靠性，为安全、高效的生产提供保障。

（2）**VR、AR 与 5G 相结合**

工厂智能化生产通过 VR、AR 大大提升了生产效率，并减少了安全隐患。经过计算，在工厂内无线网络双向传输的延时只有控制在 10ms 之内，才可以有较好的实时体验效果。4G网络无法达到这种延时要求，而将5G与VR、AR相结合，能够拓展交互性，满足相关要求。这种结合方式具有较强的通用性，能够被广泛地应用在各个领域。

（3）云端机器人

5G环境下的机器人是纯粹的执行器，智能处理功能都集中在云端，通过5G网络使机器人共享云端处理指令。阿尔法狗这一级别的机器人需要176个GPU和1202个CPU才能实现相应的处理能力，在每个机器人上都装入这些是不切实际的。5G技术则可以将这种复杂的处理转移到云端，将机器人获取的信息发送至云端，然后将云端处理结果反馈到机器人本体，从而有效控制新增硬件的成本并提高处理效率。为了高质量、高效率地完成整个处理过程，对网络的要求将更严格，首先要求网络传送时间和远端处理时间相加在100ms以内；其次，为了实现3D视觉，机器人需要安装两个以上的高清摄像头，5G网络的带宽应不低于10Gbit/s。

（4）远程操控

在危险系数较高的生产环节，通过精准操控实现使智能设备代替人为活动，大大降低了安全风险。最典型的当属煤矿、油田的开采，开采设备采集现场情景，输送到后端设备，实现大型装备的远程管理和操作。5G网络的低时延、高可靠特性大大提升了操控系统的精准度，远程控制管线阀门，精细控制阀门开度。

2.2.5 资产跟踪

如今，在线购物增长速度越来越快，实现资产跟踪十分重要。预计到

2025 年，全球状态监测连接将达到 8800 万个。从物流角度来讲，自仓储管理开始到物流配送，覆盖既要深入又要广泛，且需要有效控制成本和功耗。在 5G 环境下，这种连接成本将得到有效降低，资产定位跟踪效率也将显著提升。

5G 的驱动力不仅仅局限于上述几个行业，还有很多行业正逐渐应用 5G 技术，如智慧城市、智慧社区、智慧校园、智慧旅游、智慧教育等。从现在来看，5G 已经开始从消费互联网向产业互联网渗透，并推动产业互联网逐渐成熟，推动经济社会发生根本性变革。

2.3　5G 的巨大价值

如前文所述，5G 通信技术的出现，推动了产业互联网的发展，帮助各行各业实现了数字化转型，进而改变了社会发展的方向。由此可见，发展 5G 技术具有巨大的价值。

2.3.1　5G 在网络层面的价值表现

5G 网络将全面重构，以提升网络的容量、性能、敏捷性等。5G 网络重构包括系统层面的重构和组网层面的重构。

首先，在系统层面，设计者需要考虑网络逻辑功能实现以及不同网络功能之间的信息交换，以此构建更合理的、统一的端到端网络逻辑架构。其中，5G 网络逻辑架构由三个功能层构成，即接入层、控制层和转发层。

在逻辑架构基础上，5G 网络采用的是模块化设计，并通过不同模块的组合来构建满足不同应用场景需求的专用逻辑网络。值得注意的是，5G 网络以控制功能为核心，以网络接入和转发功能为基础资源，向上提供管理编排和网络开放的服务，形成三层网络功能架构，即管理编排层、网络控制层和网络资源层。

其次，在组网层面，设计者需要聚焦设备平台和网络部署的实现方案，并保障基于 SDN/NFV 技术的新型网络组网的灵活性和安全性。其中，5G 网络的设备平台以数据中心为主。数据中心需要满足 5G 网络的高性能转发要求和电信级的管理要求，而网络部署则要引入网络切片，实现网络定制化。5G 网络引入 SDN/NFV 技术，能够保障其设备平台支持虚拟化资源的动态配置和高效调度。在广域网层面，NFV 编排器可实现跨数据中心的功能部署和资源调度，SDN 控制器负责不同层级数据中心之间的广域互联。城域网以下可部署单个数据中心，中心内部使用统一的 NFVI 基础设施层，实现软硬件解耦，利用 SDN 控制器实现数据中心内部的资源调度。从目前的发展态势来看，SDN/NFV 技术在接入网平台的应用是业界聚焦探索的重要方向。业界普遍认为，利用平台虚拟化技术，同一基站可以同时承载多个不同类型的无线接入方案，并能完成接入网逻辑实体实时动态的功能迁移和资源伸缩。利用网络虚拟化技术，可以实现 RAN 内部各功能实体动态无缝连接，便于配置客户所需的接入网边缘业务模式。另外，针对 RAN 侧加速器资源配置和虚拟化平台间高速大带宽信息交互能力的特殊要求，虚拟化管理与编排技术需要进行相应的扩展。SDN/NFV 技术融合还将提升 5G 进一步组大网的能力。这是因为 NFV 技

术能够实现底层物理资源到虚拟化资源的映射，构造虚拟机，加载网络逻辑功能；虚拟化系统实现对虚拟化网络的统一管理和资源的动态重配置；SDN 技术则实现虚拟机间的逻辑连接，构建承载信令和数据流的通路。最终，运营商实现 5G 接入网和核心网功能单元动态连接，配置端到端的 5G 业务链，实现 5G 灵活组网。

2.3.2　5G 在服务层面的价值表现

在服务层面，5G 的巨大价值表现在赋能行业数字化转型。因为在 5G 网络环境下，运营商能够利用友好、开放的网络，为不同用户和垂直行业提供高度可定制化的网络服务，构建资源全共享、功能易编排、业务紧耦合的综合信息化服务平台。从目前来看，运营商能够利用 5G 网络提供网络切片、移动边缘计算服务，并且实现网络能力的开放。

网络切片是 5G 网络区别于前几代网络的关键性特征，主要依托 NFV 应用来实现。一个网络切片将构成一个端到端的虚拟网络，按需求灵活地提供一种或多种网络服务。网络切片架构主要包括切片管理和切片选择两项功能。切片管理功能打通商务运营、虚拟化资源平台和网管系统，为不同需求方提供安全的、可高度自控的专用虚拟网络。切片选择功能帮助用户终端根据不同的业务和功能特性接入合适的切片网络。用户终端可以分别接入不同的切片网络，也可以同时接入多个切片网络。

移动边缘计算能够将业务平台下沉到网络边缘，为移动用户就近提供业务计算和数据缓存能力，这是 5G 网络的特色服务能力之一。从目前来看，移动边缘计算能够提供三个方面的能力。第一，移动边缘计算通过分布式的网络服务体系，满足车联网、工业互联网、4K/8K 视频等业务的本地化、低时延、高带宽，以及安全性的需求。例如，在工业互联网领域，5G 边缘计算一方面能够保证数据不出厂区、不到运营商的核心网或公网，另一方面保证数据在物理上不出厂区，数据在本地的处理包括有效的低时延，以及降低对核心网的压力。第二，移动边缘计算所提供的网络能力不限于简单的就近缓存和业务平台下沉，而是随着计算节点与转发节点的融合，通过统一调度和控制能够实现业务动态化，让业务数据流在不同的应用之间灵活调度，为需求方提供创新性的网内应用聚合。第三，移动边缘计算可以和移动性管理、会话管理等控制功能结合，进一步优化服务能力。例如，随用户移动过程实时迁移应用服务器，重新建立业务链路径；根据网络负荷、应用 SLA 和用户等级等不同参数，灵活地优化、配置本地服务等。显然，移动边缘计算功能部署方式非常灵活，既可以选择集中部署，与用户端设备耦合，提供增强型网关功能，也可以分布式地部署在不同的位置，通过集中调度实现服务能力。

网络能力的开放，亦是运营商在 5G 时代探索的新的服务能力。所谓网络能力开放，是面向第三方提供友好的、智能化的网络，使应用能充分利用网络能力实现更好的用户体验和应用创新，同时实现应用与网络的良好互动，优化网络资源配置和流量管理。

2.3.3 5G 在商业模式层面的价值表现

在商业模式层面，5G 的价值在于促进运营商的商业模式，特别是计

费模式的创新，同时推动网络的共建共享，以及运营商与广电及互联网公司在资本、业务和网络等层面的协同与深度融合发展。

计费模式

业内专家普遍预计，运营商将会推出多种多样的 5G 套餐供用户选择；套餐将更细化，会在不同应用方向上各有侧重；计费模式也会发生改变。也有专家表示，目前的视频免流量、App 免流量等方式在 5G 时代也会延续下去。而各种各样移动应用程序的不断优化，将为 5G 的收费方式提供新的思路。

事实上，此前三大运营商的高管也在不同场合阐述了类似的观点。中国移动董事长杨杰曾在 2018 年公司业绩发布会上表示 5G 终端是多模多频多形态的，并将积极探索新的商业模式，改变 4G 主要以流量单一量纲计费的模式，提供多量纲、多维度、多模式的计费，从而推动 5G 在多方面实现更广范围、更多领域的应用，实现 5G 更大的价值。

共建共享

中国电信与中国联通正在全国范围内合作共建一张 5G 接入网络，双方划定区域，分区建设，各自负责在划定区域内的 5G 网络建设相关工作，谁建设、谁投资、谁维护、谁承担网络运营成本。5G 网络共建共享采用接入网共享方式，核心网各自建设，5G 频率资源共享。双方联合确保 5G 网络共建共享区域的网络规划、建设、维护及服务标准统一，保证同等服务水平。双方各自与第三方的网络共建共享合作不能不当损害另一方的利益。双方用户归属不变，品牌和业务运营保持独立。

双方还在公告中表示，此举有助于降低5G网络建设和运维成本，高效实现5G网络覆盖，快速形成5G服务能力，增强5G网络和服务的市场竞争力，提升网络效益和资产运营效率，达成双方的互利共赢。

运营商与广电的深入合作

目前，运营商与广电的合作已经有了一些较成熟的案例。2018年7月31日，中国移动与中国国际电视总公司签署合作协议，正式启动在5G技术研发、4K超高清频道建设、内容分发、大数据以及资本等领域的合作，实现资源共享、优势互补和互利共赢。2019年上半年，中国移动又与中央广播电视总台、华为公司先后完成了4K超高清电视5G网络传输测试、5G SA网络切片环境下的超高清视频直播验证等测试项目，并首次实现了央视春晚“5G+4K”直播。无独有偶，2019年9月，中国电信与腾讯视频签署5G业务战略合作协议，双方将围绕移动边缘计算（5G技术的创新应用）、高清视频直播、提升用户体验等方面进行合作。而在2019年8月，中国电信旗下的号百控股与五洲传播、网易影核、4K花园、视博云、翼视界、AirPano、岩华七家合作伙伴现场签约，与百度、华数、华视网聚、中国体育、北京意景、VeeR、7663等签署合作意向书，并将加速推进与华为、PICO、爱奇艺、腾讯、HTC、优酷等企业在平台、终端、内容等方面的合作。事实上，运营商与广电、互联网企业还在很多方面有着深入合作的机会。例如，2019年8月财新网报道称，在中国移动2019年上半年业绩发布会上，杨杰表示在5G发展方面确实有与中国广电接触和讨论，寻求共建共享、合作共赢的模式。

2.3.4　三大运营商的 5G 竞争一触即发

5G 网络给了运营商改变市场竞争格局的机会。在电信运营商市场，三家运营商形成了“一强两弱”的格局。尽管在个人业务市场，中国移动的地位难以撼动，但是在产业互联网市场，三家运营商都投入了重兵。而且，从目前的准备情况来看，三家基本处于同一个起跑线，未来有望在行业市场进行激烈的竞争，甚至可能会形成新的竞争格局。而在电信运营商市场以外的广阔市场，如云计算、大数据、自动驾驶、视频等市场，三大运营商都面临严峻的挑战。5G 时代，运营商能否在这些市场与腾讯、阿里巴巴、百度等巨头“掰手腕”，破题之道就在差异化竞争。

2019 年 6 月，时任中国移动副总裁李正茂在中国移动 5G 联合创新研讨会上表示，在 5G 时代，业务核心从消费互联网向产业互联网转移，运营商面向的将是行业客户、企业客户。显然，对于 B 端客户来说，他们必须了解你的网络到底是什么？怎样为我所用？所以，在这种情况下，运营商可能进入一个新的服务形态。之后，运营商不仅仅卖网上承载的业务，而且还要把 Web 网当成运营商业务，这项业务也只有运营商才可以做得到。在这种背景下，李正茂提出了“网络即服务”（NaaS）的概念。这也可以看作是运营商与其他竞争对手进行差异化竞争的手段。李正茂认为，一个核心基石是打造覆盖全国、技术先进、品质优良的 5G 精品网络。六大创新能力则是在构建 5G 精品网络的基础上推动 5G 与“AICDE”（人工智能、物联网、云计算、大数据、边缘计算）紧密融合，提供人工智能即服务（AIaaS）、物联网即服务（IoTaaS）、云计算即服务（CloudaaS）、大数据即服务（DataaaS）、边缘计算即服务（MECaaS）、安全即服务（SecurityaaS），从而向各行各业提供开放化的网络即服务。

为了加速推出网络即服务，中国移动将持续构建“5G+”硬核能力体系。具体地说，一是做优做强“5G+”内生能力，利用中国移动的资源优势提供更优质的高速率、低时延、大连接等通信能力；二是叠加赋能“5G+AICDE”外延能力，与人工智能、云计算、大数据等信息技术深度融合，提供全方位满足用户需求的差异化定制网络与智能服务；三是开放共创“5G+机器人、无人机、VR/AR、高清视频”等应用通用能力，打造繁荣共生的“5G+”生态级中台服务体系，最终实现多层能力聚变反应，赋能各行各业。

不只是中国移动，中国电信也肯定了5G时代DICT应用对于运营商的重要性。2019年9月，中国电信DICT应用能力中心兼中国电信系统集成有限公司总经理刘志勇在2019年天翼智能生态博览会期间表示，5G助力大数据、云计算、人工智能等新兴技术的快速发展，并相互融合，催生出更大的改变传统的力量。在这样的形势下，DICT正成为新趋势，通信技术、信息技术、云计算和大数据技术走向融合，并提供融合型智能应用服务。

因此，对于电信运营商自身来说，DICT也是必选项。因为电信运营商面临着更加激烈的竞争，不仅是行业内部，还有外部互联网化公司带来的多样化竞争。对于运营商来说，发展DICT融合性智能应用是避免被管道化、突破业务发展瓶颈的必选之路。当然，有竞争也有合作。目前，三大运营商都与行业内外共建创新联盟、共筑商业范式、共享优质资源、共赢广阔市场，为产业链合作伙伴提供开放、灵活的合作方式，开展建设和运营合作，共筑智能新生态。特别是在工业互联网领域，三大运营商已经通过各自的产业联盟，在化工、机械、船舶、飞机制造、电力等工业领域实现了多种解决方案的落地，推动生产制造服务体系升级、产业链延伸和价值链拓展，进一步扩大了 5G 的价值。

在化工行业，浙江移动与中兴通讯、浙江中控、新安化工携手打造的 5G 工业数据采集及控制系统成功上线，5G 三维扫描建模检测系统、仪表无线减辐升级等项目均已进入试点阶段。在机械行业，中兴通讯携手山东联通助力山东临工集团共同打造的 5G 远程遥控挖掘机操作项目成功展示，现场通过联通 5G 网络与远端的控制室相连，实时控制位于矿区的无人驾驶挖掘机，同步回传真实作业场景及全景视频实况。在汽轮行业，浙江移动通过与杭州汽轮集团、浙江中控、新安化工等企业的合作，研究实现包括 5G 三维扫描建模检测系统、仪表无线减辐升级等省内首批 5G 工业互联网应用，且均已进入试点阶段。中国联通与北汽福田开展 5G 智能制造示范应用，将 5G 应用于机器视觉质量检测。在飞机制造方面，商飞搭建了一批 5G 工业应用场景，用 5G + 8K 视频检测生产安装缺陷，利用 5G + AR 辅助飞机装配，有效提高了飞机的研制效率。在电力行业，南方电网利用 5G 承载电网的配电业务，完成了国内首例基于 5G 智能电网的外场测试，未来还将积极试点 5G 服务于计量自动化、应急通信、分布式能源调控等各类电网典型业务场景，全面提升电网智能化水平。

显而易见，5G 的价值不仅在于推动新业务形式的出现，增强现有业务的赋能能力，同时在于从根本上改变和重构运营商的运营体系，甚至还会在未来推动行业数字化转型升级的过程中创造更多意想不到的新业态，进而改变社会。

2.4 5G进行时

2019年5G牌照正式发放，标志着5G商用元年的到来，而5G的到来也驱动着业务、网络及商业模式的创新。当前5G已经覆盖工业互联网、智能交通、智慧医疗、文化传播等十余个行业，形成了上百个创新应用场景。显然，它能够给社会带来的不仅仅是新业务，还有重塑社会本身。

与4G相比，5G网络最大的技术进步就是拥有更大带宽，支持更多连接，具备低时延和高可靠性，能够应对未来爆炸性的移动数据流量增长、海量的设备连接、不断涌现的各类新业务和应用场景，同时与行业深度融合，满足垂直行业终端互联的多样化需求，实现真正的万物互联，构建社会经济数字化转型。

5G网络的最大特色就是融合了固定网络和移动网络，而且软件与硬件将实现分离，并引入了云化与虚拟化的概念。正如中国电信董事长柯瑞文所言，5G不仅仅是一个基站传输的建设，实际上它是与NB-IoT、云计算、大数据、人工智能相辅相成、相互促进、相互融合的过程，与基础网、云网融合也是一个相互促进的过程。杨杰也认为，5G不是简单的“4G + 1G”，它将更具有革命性，呈现更高的价值，能够为跨领域、全方位、多层次的产业深度融合提供基础设施，充分释放数字化应用对经济

社会发展的放大、叠加、倍增作用。正因如此，三大运营商才会不遗余力地推动 5G 发展，以助力产业升级和经济高质量发展，为广大人民群众提供更精彩、更优质的信息服务，为建设网络强国、数字中国、智慧社会贡献力量。

目前，我国 5G 商用已经全面展开，正在向全国纵深推进。同时，5G 的发展也不应该限定在一个国家、一个地区，而是要在全球范围内更好地服务经济、社会、民生，提高智联万物的能力和水平。如今，全球信息通信技术发展正处于深度融合、系统创新、智能引领的重大变革期，以 5G、人工智能、大数据等为代表的新一代信息通信技术在更广范围、更深层次、更高水平上与实体经济融合创新发展，促进现有生产方式、产业形态、生活方式发生全方位的深刻变革。信息通信业在促进世界经济发展中发挥着重要作用，全球应该共同促进 5G 产业的繁荣发展。

为此，工业和信息化部副部长陈肇雄在 2019 年 9 月举行的第九届频率与技术研讨会上就 5G 发展与合作提出了三点建议：一是坚持改革创新，开拓增长新动能；二是坚持开放合作，构建利益共同体；三是坚持发展导向，增进人民幸福感。

第 3 章

5G 标准演进历程

3.1　全球移动通信领域标准化组织：ITU 和 3GPP

3.1.1　关于 ITU

国际电信联盟（International Telecommunication Union，ITU）是联合国的一个重要专门机构，也是联合国机构中历史最长的一个国际组织，其简称为“国际电联”“电联”或“ITU”。ITU 的总部设在瑞士日内瓦，其成员包括 193 个国家和地区，以及 700 多个部门成员、部门准成员和学术成员。ITU 的组织结构主要分为电信标准化部门（ITU-T）、无线电通信部门（ITU-R）和电信发展部门（ITU-D）。ITU 每年召开一次理事会，每四年召开一次全权代表大会、世界电信标准大会和世界电信发展大会，不定期召开世界无线电通信大会（WRC）。ITU 负责分配和管理全球无线电频谱与卫星轨道资源，制定全球电信标准，向发展中国家提供电信援助，促进全球电信发展。作为世界范围内联系各国政府和私营部门的纽带，ITU 主办信息社会世界高峰会议，并通过旗下的无线电通信、标准化和电信发展部门举办展览活动。2014 年 10 月 23 日，赵厚麟当选 ITU 新一任秘书长，成为 ITU 150 年历史上首位中国籍秘书长，并且于 2018 年再次当选。

ITU 的使命是使电信和信息网络得以增长和持续发展，并促进普遍接入，以便世界各国人民都能参与全球信息经济和信息社会并从中受益。自由沟通的能力是建设更加公平、繁荣与和平的世界必不可少的前提。为了使该愿景成为现实，ITU 帮助协调所需的技术、财务和人力资源。当前，ITU 面临的一项主要工作是通过建设信息通信基础设施，大力促进能力建设和加强网络安全以提高人们使用网络空间的信心，弥合所谓数字鸿沟。实现网络安全与网络和平是信息时代人们最关注的问题，ITU 正在通过其具有里程碑意义的全球网络安全议程采取切实可行的措施。

管理国际无线电频谱和卫星轨道资源是 ITU-R 的核心工作。ITU 的《组织法》规定，ITU 有责任对频谱和频率指配，以及卫星轨道位置与其他参数进行分配和登记，“以避免不同国家间的无线电电台出现有害干扰”。因此，频率通知、协调和登记的规则程序是国际频谱管理体系的依据。ITU-R 的主要任务亦包括制定无线电通信系统标准，确保有效使用无线电频谱，并开展有关无线电通信。ITU 的《无线电规则》及其频率划分表定期得到修订和更新，以满足人们对频谱的巨大需求。这一修订和更新工作对于适应现有系统的迅速发展并满足开发中的先进无线技术对频谱的需求十分重要。每三至四年举行一次的 ITU 世界无线电通信大会是国际频谱管理进程的核心所在，同时也是各国开展实际工作的起点。世界无线电通信大会审议并修订《无线电规则》，确立 ITU 成员国使用无线电频率和卫星轨道框架的国际条约，并按照相关议程审议属于其职权范围的、任何世界性的问题。

ITU 因标准制定工作而享有盛名，标准制定是其最早开始从事的工作。身处全球发展最迅猛的行业，ITU-T 坚持走不断发展的道路，简化工作方法，采用更灵活的协作方式，满足日趋复杂的市场需求。来自世界各地的行业、公共部门和研发实体的专家定期会面，共同制定错综复杂的技术规范，以确保各类通信系统可与构成当今繁复的 ICT 网络及业务的多种网元实现无缝的互操作。

合作使行业内的主要竞争对手握手言和，着眼于就新技术达成全球共识。当前，信息和通信网络成为各项经济活动的命脉，而 ITU-T 的标准（又称建议书）则是信息和通信网络的根基。对于制造商而言，这些标准是他们打入世界市场的方便之门，有利于他们在生产与配送方面实现规模经济。因为他们深知，符合 ITU-T 标准的系统将通行全球，无论是对电信巨头、跨国公司的采购者，还是普通的消费者，这些标准都可确保其采购的设备能够轻而易举地与其他现有系统相互集成。

3.1.2　关于 3GPP

3GPP 的目标是实现由 2G 网络到 3G 网络的平滑过渡，保证未来技术的后向兼容性，支持轻松建网及系统间的漫游和兼容性。其职能主要是制定以 GSM 核心网为基础、以 UTRA 为无线接口的第三代技术规范。

3GPP 成立于 1998 年 12 月，中文全称是第三代合作伙伴计划，是一个国际标准化组织。3GPP 最初的工作范围是为第三代移动通信系统制定全球适用技术规范和报告。第三代移动通信系统是基于发展的 GSM 核心网络和它们所支持的无线接入技术，主要是 UMTS。随后，3GPP 的工作范围得到扩大，增加了对 UTRA 长期演进系统的研究和标准制定。目前，3GPP 有 6 个组织伙伴（OP），分别是欧洲 ETSI、美国 TIA、日本 TTC、ARIB、韩国 TTA 以及我国的 CCSA，独立成员有 300 多家。此外，3GPP 还有 TD-SCDMA 产业联盟（TDIA）、TD-SCDMA 论坛、CDMA 发展组织（CDG）等 13 个市场伙伴（MRP）。

中国无线通信标准研究组（CWTS）于 1999 年 6 月在韩国正式签字

同时加入 3GPP 和 3GPP2，成为这两个当前主要负责第三代伙伴项目的组织伙伴。在此之前，我国是以观察员的身份参与这两个伙伴的标准化活动。

ITU 对 3G 标准的发展起着积极的推动作用，而具体的技术标准是由 3GPP、3GPP2 两大标准组织根据 ITU 的建议完成的。针对 4G 时代运营商各自给出 4G 标准的局面，3GPP 提前制定推广 5G 标准——5G 必须要提高速率和降低时延，规定 5G 网络单用户传输速率至少需符合 100Mbit/s（12.5MB/s）的下载速度、50Mbit/s（6.25MB/s）的上传速度，网络延迟时间不得超过 4ms，并且在速度达到 500km/h 的高速列车上也能维持稳定的网络连接。5G 时代的网速基础就此奠定。

3GPP 还要求，5G 无线网络时代不能仅涉及数据服务和语音服务，还要拓展移动生态系统，普及无人机、数字电视广播、汽车、M2M、IoT 服务等，并且定义了三大场景——eMBB、mMTC 和 uRLLC，对应了想要涉及的领域。

3GPP 将 5G 视为一个重大的改革，要具备五大创新。

第一大创新：mmWave

5G 的第一个创新技术就是率先使用目前波长较小的毫米波（mmWave），分别是 28GHz 和 60GHz，两个频段的频谱带宽都比前代宽了 10 倍，传输速率自然也得到大幅度提升。

第二大创新：Massive MIMO

MIMO 的英文全称是 Multiple-Input Multiple-Output，意为“多进多出”，就是基站的天线变多了，并且手机的接受能力也变强了，源头上多

根天线发送，接收对象多根天线接受。为了进一步提升 5G 网络的覆盖面积，5G 网络将原有的宏基站改为了微基站。换句话说，之前的信号像中央空调，一个空调温暖一群人，而现在则是按照小群体分配一个“小功率”空调，不仅辐射被大幅度降低，信号质量好于以往，速率也变得更快。

第三大创新：Beam Management

Beam Management 意为波束赋形，也是第五代移动通信技术的一大创新，它主要改变了信号的发射形式。说到基站发射信号的形式，有些类似于灯泡发光，它是 360° 向四面八方发射的。对于光而言，要想照亮某个区域或某处物体，大部分散发出去的光都浪费了。而波束赋形是一种基于天线阵列的信号预处理技术，通过调整天线阵列中每个阵元的加权系数，产生具有指向性的波束。通俗地讲，它可以改变信号的发射轨迹，实现点对点有针对性的信号传播。

第四大创新：Polar/LDPC

3GPP 对应想要涉及的领域定义了 5G 的三大场景——eMBB、mMTC 和 uRLLC。2017 年 11 月下旬，华为公司主推的 Polar Code（极化码）方案拿下了 5G。作为控制信道的编码方案，这个方案便是 3GPP 制定的三个场景之一的 eMBB 场景。而高通主导的 LDPC 码则是作为数据信道的编码方案。从华为的实际测试来看，Polar 码可以同时满足高速率、低时延、大连接场景的需求，并且能够使蜂窝网络的频谱提升 10% 左右，与毫米波结合可以达到 27Gbit/s 的速率。

第五大创新：AS Layer

AS Layer 是相比较 4G 网络的一种新型架构模式，主要是以 OFDM

为基础的弹性参数物理层（PHY，Layer 1），它可以最多包含 5 个次载波。该架构不仅可以更快速地传递数据信息，而且具有更快的响应速度。

从第一代移动通信技术问世开始，通信的发展就涉及许多层面，包括用户的使用体验、商家的利益等。而 3GPP 的建立就像国家需要有政府的支撑、公司要有制度化的管理、学校学生要有老师的教育引领，3GPP 充当的就是这样一个角色，立好了一个“规则”，各类供应商和用户才能够在科技中进步。

3.2 5G 标准：从 R13 到 R16

从 3G、4G 到 5G，3GPP 一直是国际标准制定的主导组织。3GPP 的标准化制定是按 Release 来计划，工作完成后，相应的 Release 就会冻结，冻结后的标准如无特殊情况不会更改。一旦标准出现问题，3GPP 标准组织会选择在下一个 Release 中更改。标准的制定要经过早期研发、项目提案、可行性研究、技术规范、商用部署五个阶段，存在同一时期多个 Release 同时进行的情况。其中，R8～R9 为 LTE 标准，R10～R11 为 LTE-A 标准，R13 为 LTE-Pro 标准，R14 开启 5G 标准，R15～R16 为真正的 5G 标准。

（1）R13

R13 主要是 LTE 的增强版本，在 2014 年启动，于 2016 年 3 月冻结。R13 版本的标准在 LAA（授权型辅助接入）、载波聚合、大规模天线等方面进行增强。

在 LAA 方面，对于非授权型频谱在 LTE 移动通信网络中的应用，一种具有补充性质的解决方案是 LTE 与 Wi-Fi 进行系统融合。这种解决方案的首要目标是利用好已广泛部署的 Wi-Fi 无线接入网络，在这方面，此前的一些 3GPP LTE Release 版本已经取得了一定的进展。截至目前，LTE 移动通信后续演进网络与 Wi-Fi 网络的融合已经进入核心网层面，因此可以充分地利用好 LAA 所带来的技术优势。3GPP LTE Release 13 正在进行更深层次的相关研究工作。

在载波聚合方面，为了实现更大的无线传输带宽，LTE-Advanced 设计了将多个连续或非连续的成员载波合并传输的载波聚合技术。R13 进一步增强了载波聚合能力，从之前的最大 5 个载波聚合升级到上下行最大各 32 个载波聚合。

在大规模天线方面，R13 版本主要研发以及标准化的是在水平域采用水平极化的天线阵列进行波束赋形的技术，而垂直波束赋形传输技术的预研才刚启动，研究的重点是小于 64 端口的垂直波束赋形传输技术。

（2）R14

R14 版本是面向 5G 标准的前期研究版本，也被业界称为开启 5G 标准化的首页。R14 标准的制定工作开始于 2016 年初，冻结于 2017 年 6 月，主要进行 5G 标准的前期研究，聚焦 5G 系统框架和关键技术研究。R14 标准分为三阶段完成，即业务需求定义、总体技术实现方案、实现该业务在各接口定义的具体协议规范。

同时，R14 标准定义了用户速率增强、定位增强等性能，还对 NB-IoT

技术、eMTC 技术、LTE-V2X 技术等进行增强。

在用户速率方面，基于 R14 标准的 NB-IoT 技术测试表明，上行单用户峰值速率达 151.8kbit/s，是 R13 上行峰值速率的 2.8 倍；下行单用户峰值速率达 101.8kbit/s，是 R13 下行峰值速率的 4.3 倍。

在定位增强方面，R14 标准通过 OTDOA、上行 / 下行 E-CID 等网络辅助定位的方式，实现对 UE 的定位，更好地服务于资产跟踪、物流运输、宠物跟踪等应用场景。

（3）R15

R15 版本分为早期版本、主要版本和后续版本。目前，R15 的早期版本和主要版本已经冻结。2018 年 6 月 14 日，3GPP 全会批准第五代移动通信技术标准（5G NR）独立组网功能冻结。加上 2017 年 12 月完成的非独立组网架构的 5G Release15 早期版本，5G 第一阶段全功能标准化工作完成，产业进入全面冲刺阶段。R15 的后续版本原定在 2018 年 12 月冻结，后来又推迟 3 个月完成，即 R15 Late Drop、R15 Late Drop ASN.1 分别于 2019 年 3 月及 6 月完成。

在 R15 独立组网版本标准冻结之时，3GPP TSG CT 主席乔治 · 迈尔（Georg Mayer）表示："两年前，5G 在大家看来还只是一个愿景，甚至只是一场炒作。但伴随着 R15 标准的完成，3GPP 在短时间内让 5G 成为可能。5G 的这一套标准不仅为用户提供了更高的数据速率和带宽，同时也通过开放、灵活的设计满足了不同行业的通信需求。5G 将是多样化产业的整合平台。而这一切都应归功于业界对完成 5G 标准这个目标而共同努力的意愿，以及 3GPP 架构与运作机制的高效。R15 标准的冻结只是

5G 发展的第一步，今后 3GPP 将继续努力对其进行完善，使其可以更好地满足客户和工业界的需求。”

R15 标准定义了 5G NR，扩展了 LTE-Advanced 功能，主要聚焦 5G 新空口（波形、编码、参数集、帧结构、大规模阵列天线等）、网络架构（NSA、SA、CU/DU 切分等），规范了 eMBB 和 uRLLC 两大场景，没有对 eMTC 场景进行定义。NR 空口协议层的总体设计基于 LTE 进行升级和优化。用户面在 PDCP 层上新增 SDAP 层，在 PDCP 层和 RLC 层进行优化设计，用来实现时延降低和可靠性增强。控制面 RRC 层新增终端节点、降低时延的功能。在物理层，NR 优化了参考信号设计，采用了更灵活的波形和帧结构参数，降低了空口开销，利于前向兼容和适配多种不同应用场景的需求。

在编码方面，NR 与 LTE 有不同的解码方式。LTE 业务信道采用 Turbo 码，控制信道采用卷积码；NR 的业务信道采用 LDPC 码，控制信道采用 Polar 码。同时，二者在波形方面也略有不同。LTE 上行采用 DFT-S-OFDM 波形；NR 上行采用 CP-OFDM 波形和 DFT-S-OFDM 波形，可根据信道状态进行自适应转换。

NR 架构演进分为非独立组网架构和独立组网架构。5G 标准制定分为两个阶段，第一阶段是 R15 标准，第二阶段是 R16 标准。同时，在 R15 标准中增加了高频 / 超带宽传输、Massive MIMO、灵活的帧结构等技术。

首先，在高频 / 超带宽传输中，高频是指 NR 定义了两大频段范围——FR1 和 FR2，FR1 频段范围是 450MHz ~ 6GHz，FR2 频段范围是 24.25 ~ 52.6GHz，相比 4G 大大提升了频段；超带宽是指 FR1 的信道/单载波带宽高达100MHz，FR2的单载波带宽高达400MHz。这意味着5G NR具备更高的频率和更大的单载波带宽，能够实现更高的传输速率。

其次，Massive MIMO即大规模天线技术，在标准设计中增设了参考信号设计、波束管理等技术，支持基站侧天线最高多达256个单元，终端侧天线多达32个单元。

最后，在灵活的帧结构方面，由于NR能够支持多个子载波间隔，在频域上子载波间隔更宽，在时域上OFDM符号可更短，从而可实现更低时延传输。同时，5G NR可以灵活改变控制和数据信道的分配单元中的OFDM符号数量，并可根据上下行业务比率灵活地改变帧结构中的上下行时隙比。

（4）R16

目前，R16标准制定正在紧锣密鼓地进行中。2018年6月，3GPP标准组织已经确定了R16标准的内容范围。而R16标准冻结日期从原计划的2019年12月延后到2020年3月，完整版R16 ASN.1代码的标准版本推迟到2020年6月发布。R16标准是5G第二阶段标准，能够满足ITU的所有要求，主要支持面向垂直行业的应用和整体系统的提升，能够支持mMTC和uRLLC两大典型场景，包括5G-V2X、高可靠、专网、工业互联网，还将有力提升5G性能，支持网络切片、LAA与独立非授权频段的5G NR，其他系统提升与增强包括定位、MIMO增强、功耗改进等技术。

3.3 5G标准演进趋势

正如4G标准从R8一直演进到R13，经历了五代的发展完善才将接力棒交到5G手上，5G标准也绝对不会止步于R16版本，而是会继续向R17、R18等版本演进。R17标准将对mMTC场景进行优化，诸如针对运作进行优化设计，对小数据传输、多SIM卡操作等技术进行优化。同时，有专家指出，R17将对5GS进行增强，以支持增强MEC（边缘计算）功能，为典型的MEC应用场景提供部署指南。

目前，R17标准已经开始准备，计划在2021年6月冻结规范。同时，R17的几个关键时间点已经确定。2020年6月的RAN#84会议将讨论R17的相关建议；2020年9月的RAN#85会议将评审检讨工作区的邮件，讨论当前的工作进展并调整未来的工作方向；2020年12月的RAN#86会议将最终确认批准R17的内容，并开始正式制定R17规范。

第 4 章

全球 5G 研发与商用进展

4.1　全球 5G 产业概况

5G 关键能力之一是能为大规模移动用户提供在热点区域 1Gbit/s 的数据传输速率。对于历代通信技术而言，判断技术能力的核心指标是通信速率。5G 相关技术指标与 4G 的对比如表 4-1 所示。

表 4-1　5G 关键技术指标与 4G 比较

技术指标	峰值速率	用户体验速率	流量密度	端到端时延	连接数密度	移动通信环境	效能	频谱效率
4G 参考值	1Gbit/s	10Mbit/s	0.1Tbit/s/km^2	10ms	10^5/km^2	350km/h	1 倍	1 倍
5G 目标值	10~20Gbit/s	0.1~10Gbit/s	10Tbit/s/km^2	1ms	10^6/km^2	500km/h	100 倍提升	3~5 倍提升
提升效果	10~20 倍	10~100 倍	100 倍	10 倍	10 倍	1.43 倍	100 倍	3~5 倍

根据 ITU 的分类，5G 移动通信基站主要有四种类型，即根据覆盖能力划分，从大到小分别是宏基站（宏站）、微基站（微站）、皮基站（微微站、企业级小基站）以及飞基站（毫微微站、家庭级小基站），其特点如表 4-2 所示。在 5G 基站建设中，由于具有小型化、低发射功率、可控性好、智能化和组网灵活等特点，微基站、皮基站和飞基站成为基站建设热点。

表 4-2　5G 不同类型基站的特点

类型	单载波发射功率	覆盖半径	应用场景
宏基站	10W 以上	200 米以上	城市、空间足够大的热点人流地区
微基站	500mW~10W（含 10W）	50~200 米	用于受限于占地无法部署宏基站的市区或农村
皮基站	100mW~500mW（含 500mW）	20~50 米	室内公共场所，如机场、火车站、购物中心等
飞基站	100mW 以下（含 100mW）	10~20 米	家庭和企业环境中

（1）全球 5G 产业经济产出

根据 IHS Markit 预测，2020—2035 年全球实际 GDP 将以 2.9% 的年平均增长率增长。其中，5G 将贡献 0.2% 的增长，创造的年度净值贡献达 2.2 万亿美元，如图 4-1 所示。这个数字相当于目前全球第七大经济体印度的 GDP。

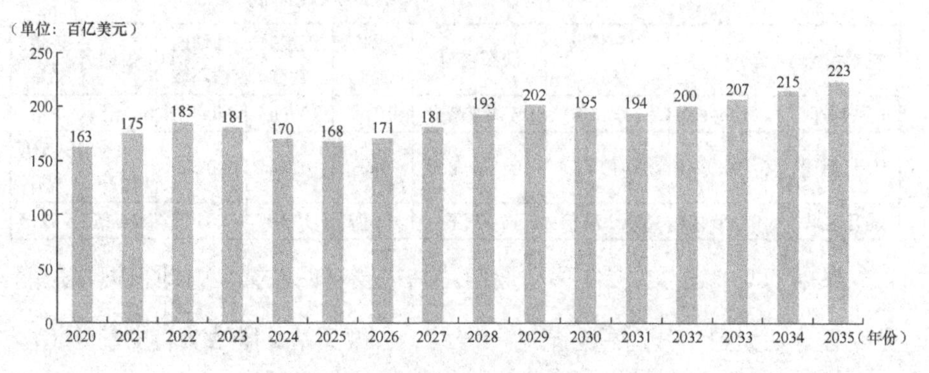

图 4-1　5G 对全球经济增长的年度净贡献值

（2）全球 5G 竞争

根据 IHS Markit 预测，美国、中国、日本、德国、韩国、英国和法国七个国家将处于 5G 发展的前沿。而美国和中国有望主导 5G 研发与资本性支出，两国将分别投入 1.2 万亿美元和 1.1 万亿美元。IHS Markit 预计，美国的投入将约占全球 5G 投入的 28%，中国紧随其后，将约占 24%，如图 4-2 所示。

美国无线通信和互联网协会（CTIA）在 2019 年 4 月 3 日发布的《全球 5G 竞赛》报告显示，得益于美国运营商和政府官员迅速采取行动，2018 年美国在 5G 准备就绪方面领先于韩国，从上年的第三名升

至与中国并列第一名。其次是韩国、日本、英国和意大利。此外，预计到 2019 年底，美国将有 92 个 5G 商业部署计划，韩国有 48 个，英国有 16 个。

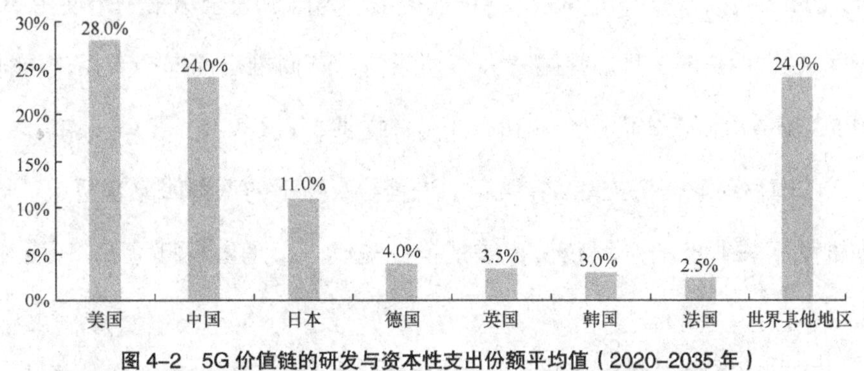

图 4-2 5G 价值链的研发与资本性支出份额平均值（2020-2035 年）

目前，美国在分配给 5G 的低频段和高频段频谱数量方面居于世界领先地位。由于分配的低频段频谱为 716MHz，虽然速度较慢，但距离较远，美国至少略高于排名第二的澳大利亚（690MHz）和排名第三的德国（689MHz）。对于毫米波高频频谱，美国已经分配了 2500MHz 的短距离高速频率。但是，在分配中间波段频谱方面，西班牙已经分配了 360MHz 频谱，意大利、中国、韩国和英国也都采取了行动，而美国依然为零。

（3）**主要国家的 5G 发展现状**

2018 年 10 月 1 日，Verizon 宣称在美国 4 个城市推出了 5G Home 服务。2018 年 12 月 21 日，AT&T 宣布在美国十几个城市中正式推出符合 3GPP 标准的“5G +”服务。由此可见，早期的 5G 服务已在美国启动并运行，但仍受制于 5G 手机尚未商用上市。目前，美国 5G 的主要用途还是通过一款类似于 Wi-Fi 路由器的设备来实现，只不过有了移动属性。

2018 年 12 月 1 日零点，韩国三大移动通信运营商 SK 电讯、KT、LG Uplus 共同宣布韩国 5G 网络正式商用，韩国成为全球第一个使用 5G 的国家。2019 年 3 月，韩国三大移动通信运营商推出面向个人用户群体的 5G 服务后，正式面向企业和个人用户提供 5G 服务。

韩国移动通信商推动 5G 服务的进程给人留下的深刻印象有两点：一是推动相关业务的进程较快，重视抢占先机；二是重视打造 5G 服务生态圈。

欧盟是通信标准的主要推动方。2016 年 9 月，欧盟委员会正式公布了 5G 行动计划，意味着欧盟进入试验和部署规划阶段，同时也被视为对早先美国公布 5G 计划的一个回应。根据德国发布的 5G 战略，2020 年德国 5G 将全面商用。

2020 年东京奥运会以及残奥会成了日本发展 5G 的重要助力。为了配合 2020 年东京奥运会和残奥会的举办，日本各运营商将在东京部分地区启动 5G 的商用，随后逐渐扩大区域。2018 年 12 月 5 日，日本软银（Soft Bank）株式会社公开了 28GHz 频段的 5G 通信实测试验情况，日本总务省为 5G 准备了 3.7GHz、4.5GHz、28GHz 三个频段，其中 28GHz 将是频宽最大的频段。

此外，日本三大移动运营商 NTT DoCoMo、KDDI 和软银将于 2020 年在一部分地区启动 5G 服务，预计在 2023 年前后将 5G 的商用范围扩大至日本全国，总投资额或达 5 万亿日元之多。

4.2　美国

2012 年 7 月，美国纽约大学理工学院成立由政府和企业组成的 5G 研究联盟，美国国家科学基金会（NSF）为其提供 80 万美元资助。

2013 年，美国宽带无线接入技术与应用中心（BWAC）开展 5G 项目研发，获得 NSF 的 160 万美元与产业界的 400 万美元专项资金支持。

2015 年 4 月，美国联邦通信委员会（FCC）为公众无线宽带服务（CBRS）在 3.5GHz 频段提供 150MHz 的频谱，建立了三层频谱共享接入体系（SAS）监管模式并允许进行试验。8 月，美国通过添加脚注方式，标识了二阶段数字红利频段 470～698 MHz 为 IMT 系统使用。9 月，Verizon 宣布将从 2016 年开始试用 5G 网络，2017 年在美国部分城市全面商用。

2016 年 7 月，FCC 针对 24GHz 以上频谱用于无线宽带业务宣布新的规则和法令，使美国成为全球首个宣布规划频谱用于 5G 无线技术的国家，其中包括三个授权频段和一个新的非授权频段；白宫宣布由 NSF 启动“先进无线通信研究计划”（PAWR），投资 4 亿美元支持 5G 无线技术研究，以保持美国在无线技术领域的领先地位。11 月，FCC 发布新的频谱规划，批准将 24.25～24.45GHz、24.75～25.25GHz 和 47.2～48.2GHz 频段共 1700MHz 的频谱资源用于 5G 业务发展。至此，FCC 共规划了 12.55GHz 毫米波频段的频谱资源。

2017 年 2 月，美国行业协会 5G Americas 和韩国 5G 论坛签署合作备忘录，与包括欧盟 5GPPP、日本 5GMF 以及我国 IMT-2020（5G）推进组在内的三个全球机构进行5G合作，建立一年两次的全球5G大会（Global 5G Event）。11月，美国苹果公司和英特尔合作，共同开发5G手机，该产品将使用英特尔的5G基带处理器。12月，FCC发布废除“网络中立”政策，旨在“通过消除制度障碍鼓励电信业积极创新”，解决美国迅速部署覆盖全国的5G网络资金来源问题。12月，白宫发布特朗普任期内第一份《美国国家安全战略》，将5G网络作为美国的首要行动之一。

2018年1月，美国国家安全委员会文件《保护5G：信息时代的艾森豪威尔高速公路系统》指出，政府将5G的地位提升到国家安全的高度；AT&T宣布，2018年底之前在美国12个城市推出5G网络商用服务。3月，总统特朗普签署1.3万亿美元的5G法案（Ray Baum Act），为无线频谱拍卖清扫障碍，并在28年后首次重新向FCC授权。8月，白宫管理与预算办公室发布《2020财年政府研究与开发预算优先事项备忘录》，将5G作为2020财年八大研发优先领域之一。9月，FCC发布“5G推进计划”，计划包括三个关键的解决方案。10月，总统特朗普签署《制定美国未来可持续频谱战略总统备忘录》，要求美国商务部制定长期全面的国家频谱战略。11月，FCC启动首次高频段5G频谱拍卖，为下一代高速移动通信网络清理频谱空间。12月，美国国际战略研究中心发布《5G将如何塑造创新和安全》报告，指出5G技术将对未来几十年的国家安全和经济产生影响。

2019年4月，美国发布《5G生态系统：对美国国防部的风险与机遇》报告，介绍5G发展历程和现状，并为美国国防部提出重要建议，包括共享频段、重塑 5G 生态系统、调整贸易战略、强化美国科技知识产权、发展 5G 以外的通信技术等；总统特朗普发表美国 5G 部署战略讲话，宣布"5G 竞赛是一场美国必须要赢的比赛"，美国将释放更多无线频谱并简化通信设施建设许可，在 5G 领域获得领导地位。5 月，美国发布《新兴技术及其对非联邦频谱需求的预期影响》和《美国无线通信领导力研发优先事项》报告。

一直以来，美国运营商比其他国家更急于推进 5G 商用，2019 年美国所有运营商都已经或即将推出 5G 服务。AT&T 和 Verizon 率先进军 5G 市场，并推出了 5G 产品和服务。美国主要运营商的 5G 商用情况如下。

（1）AT&T

AT&T 是美国在 5G 上宣传最激进的运营商之一，早在 2018 年 12 月就采用毫米波推出 5G。AT&T 的 5G 推广策略主要面向 5G 行业应用，通过为相关企业提供 5G 培训和至少 90 天免费设备和试用来进行 5G 服务推广。AT&T 在推出智能手机之前唯一可用的设备是一款免费提供给企业用户的 5G 移动热点，个人用户无法直接购买。因此，5G 商用对于 AT&T 来说并没有在赢得客户上取得实际的领先优势。接下来，AT&T 计划在 2020 年初实现 5G 全国覆盖，大概率将采用 Sub 6GHz 频段。

（2）Verizon

Verizon 于 2019 年 4 月在芝加哥的部分市中心地区使用毫米波推出 5G，采用 Moto Z3 搭配 Moto Mod 的 5G 终端。Verizon 随后表示，5G 网络已经达到了预期，平均速率可达 450Mbit/s，峰值速率高达 1Gbit/s。率先推出 5G 手机使 Verizon 在 5G 上领先一步，但到目前为止，由于 Verizon

的5G网络覆盖范围非常有限，并没有为其在市场上带来优势。

在5G的长期战略上，目前Verizon尚未发布实现5G全国覆盖的时间表。在频谱方面，为了满足密集城区的大流量需求，Verizon最初将重点放在了毫米波，后续策略将有所调整，从2020年开始计划实施动态频谱共享（DSS），但目前还未明确提及会用哪些毫米波以外的特定频谱。

（3）T-Mobile & Sprint

T-Mobile & Sprint的路径比较特别。在T-Mobile和Sprint合并之前，2019年上半年两家运营商并没有急于推出5G服务，而是一边进行5G网络部署，一边将精力花在争取合并被批准。T-Mobile原计划在2020年前采用600MHz频谱实现5G网络全国覆盖，在城市热点区域采用毫米波，2019年下半年在30个城市推出5G服务。这也不全是为了等合并被批准而进行的拖延，很大程度上是由于目前市场上5G终端较少，而竞争对手的率先商用并未带来相应的市场压力。与AT&T和Verizon相比，Sprint将以2.5GHz频谱作为其竞争优势，不断扩大5G覆盖范围。Sprint的另一个显著优势是其5G网络可采用NSA组网升级现有的LTE网络。相比之下，其他运营商由于在新频谱上没有LTE网络，所以需要完全新建5G网络。

美国最早的5G部署面向的是固定无线设备，类似于我们在家中使用的无线宽带。

2018年10月，美国第一大运营商Verizon在少数几个城市推出了Verizon Home 5G服务，包括休斯顿、印第安纳波利斯、洛杉矶和萨克拉门托，并宣布 5G 移动网络将于 2019 年投入使用，到 2019 年底将有 30 个城市接入 5G 服务。

在 2018 年 12 月的高通公司技术峰会上，Verizon 的首席网络工程官尼可·帕尔默（Nicki Palmer）形容公司目前的进展是向着实现 5G 移动网络“全速前进”。与此同时，在 2019 年 1 月 Verizon 的 CES 2019 主题演讲中，Verizon 首席执行官卫翰思（Hans Vestberg）在现场演示中显示其下载速度达到了 900Mbit/s。虽然不是理想中的 5G 千兆速度，但是也很不错。

2019 年，美国第二大运营商 AT&T 将在美国 12 个城市开启 5G 无线服务，包括亚特兰大、休斯顿、新奥尔良等。洛杉矶、芝加哥和明尼阿波利斯等则刚刚被宣布，将加入有 5G 覆盖的城市。

4.3　韩国

2013 年 5 月，三星电子宣布成功开发 5G 核心技术，预计将于 2020 年开始推向商业化。该技术可在 28GHz 超高频段以 1Gbit/s 以上的速度传送数据。6 月，韩国 5G 论坛（5G Forum）推进组成立，提出了 5G 国家战略和中长期发展规划，并负责研究 5G 需求，明确 5G 网络、服务的概念等。

2014 年 1 月，韩国未来创造科学部（MSIP）发布以 5G 发展总体规划为主要内容的《未来移动通信产业发展战略》，决定在 2020 年推出全面 5G 商用服务。5 月，韩国政府设立由公立及私营部门、电信服务商和制造商代表、专家组成的5G论坛，推动5G标准化及全球化；三星演示5G系统，在28GHz的频段中实现1Gbit/s的速率。

2017年4月，韩国电信（KT）和爱立信以及其他技术合作伙伴宣布就2017年进行5G试验网的部署和优化的步骤及细节达成共识，其中包括技术联合开发计划等。

2018年2月，在平昌冬奥会期间，韩国实验性地推出了5G服务。由KT联手爱立信、三星、思科、英特尔、高通等产业链各环节的公司全程提供5G网络服务，成为全球首个大范围5G准商用服务。12月，韩国三大运营商SK电讯、KT与LG Uplus同步在部分地区推出5G服务，韩国成为全球首个5G商用国家。

2019年2月，韩国公布《5G应用战略推进计划》，致力于建设基础环境，包括提前分配5G频段、为新建5G网络减税等。4月，韩国三大运营商SK电讯、KT、LG Uplus正式开启5G手机服务，韩国成为全球首个启用民用5G网络的国家；韩国发布“5G+战略”，选定五项核心服务和十大“5G+战略”产业，预计到2022年建成全国5G网络。

截至2019年8月5日，韩国三大运营商的5G用户达到201万。韩国人口为5164万，韩国5G普及率接近4%。作为对比，几乎与韩国运营商同时开启5G商用的美国运营商只是在人流量密集地区部署5G客户端设备，无力支撑大部分人对5G网络的使用。这固然有5G基站成本高昂的原因，但无法掩饰现阶段美国运营商对发展5G的有心无力。

韩国5G的普及速度比4G快，韩国4G商用80天才突破百万用户大

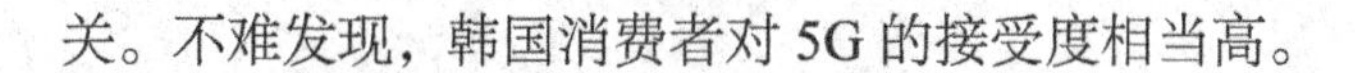

关。不难发现，韩国消费者对 5G 的接受度相当高。

综合分析，韩国 5G 普及速度快的原因有以下几点。

（1）网络建设速度快

现阶段，韩国 5G 网络的铺设选用的是 5G NSA 模式。这种模式铺设的并非完整的 5G 网络，而是一部分功能要依靠现有的 4G，包括 4G 核心网。通过这种模式普及 5G 网络相对省时省力。

截至 2019 年 6 月 10 日，韩国三大运营商已经建成 5G 基站 61246 个、收发器 14.3 万个。在欧洲，目前只有德国拿出了 5G 网络建设规划。而德国的 5G 计划也只是在未来三年内建设超过 4 万个 5G 基站。

韩国人口集中在首尔、釜山等城市，韩国运营商只需要在几大城市重点建设基站就能够覆盖韩国大半人口。而韩国三大运营商的 2019 年计划是在韩国 85 个城市建设 23 万个 5G 基站，覆盖韩国 93% 的人口。

同样，大规模普及 5G 设备需要本土供应商的支持，三星、LG 在韩国 5G 网络的铺建上出力匪浅。

（2）5G 手机补贴

要享受 5G 网络，自然需要 5G 终端设备。在这方面，韩国运营商做出了不懈的努力。以 LG 的 V50 ThinQ 5G 手机为例，韩国市场售价为 120 万韩元（约合人民币 6938 元），而运营商部分门店会提供多达 60 万韩元的折扣（约合人民币 3469 元），部分门店甚至可以免费获得 5G 手机。除了降价促销之外，运营商还会给 5G 用户附赠流量和额外补贴，这就大大降低了消费者的使用门槛。

4.4 日本

2013 年 10 月，日本无线工业级商贸联合会（ARIB）建立了 5G 特设工作组“2020 & Beyond Ad Hoc”，主要任务是研究 2020 年及以后移动通信服务、系统概念和主要技术。

2014 年 5 月，日本电信营运商 NTT DoCoMo 宣布将与爱立信、诺基亚、三星等六家厂商合作测试高速 5G 网络，预计于 2020 年开始运作。9 月，日本 5G 移动论坛（5GMF）成立，以推动 5G 的研究和发展，协调各组织的 5G 工作，提升民众对 5G 的普遍认知。

2015 年 11 月，日本电信营运商 NTT DoCoMo 与诺基亚网络共同实施 5G 技术实验，在实际商业设施内以 70GHz 频段接收信号。

2016 年，日本内政和通信部发布战略文件《2020 年实现 5G 的无线电政策》，展示对 5G 的承诺和部署。日本总务省成立 5G 研究组，讨论 5G 最新政策。为了配合 2020 年东京奥运会，三大无线通信运营商 NTT DoCoMo、软银以及 KDDI 计划在东京都中心城区等区域率先提供 5G 服务。9 月，日本软银启动 5G 项目“5G Project”，成为全球第一家商用 Pre5G Massive MIMO 的运营商。

2018 年 7 月，日本总务省公布以 2030 年为设想的频谱利用战略方案。作为将在 2030 年实现的革命性频谱系统之一，日本提出“超越 5G”。8 月，日本总务省宣布将在 2019 财年开始研究和开发新的电信标准，并在 2025 年前后使“后 5G”标准实现商业化。11 月，KDDI 宣布计划于 2019 年启动有限范围的 5G 服务，2020 年全面推出 5G 服务，以支持即将到来的东京奥运会和残奥会。2019 年 4 月，日本总务省交付开设 5G 基站的认定书，把 5G 信号频段分配给四家公司，包括 NTT DoCoMo、KDDI、软银以及乐天。

2019 年 1 月 23 日，日本首相安倍晋三在达沃斯论坛上发表演讲，提出了“社会 5.0”的概念。他称在这样一个社会中，利用人工智能、物联网和机器人等技术，数据将取代资本连接和驱动万物，并帮助不断缩小贫富差距。

其实，日本“社会 5.0”并不是一个刚刚提出来的概念。2016 年 1 月 22 日，日本内阁会议通过第五期（2016—2020 年）科学技术基本计划。此次计划的最大亮点是首次提出超智能社会“社会 5.0”这个概念，并在 2016 年 5 月底颁布的《科学技术创新战略 2016》中对其做了进一步的阐释。

日本要发展超智能社会、提升国家竞争力，必须通过推进引领世界的举措，积蓄经验技术和知识，先行一步推进知识产权化和国际标准化。此外，升级所构筑的平台，在催生新业态、精准满足多样需求的同时，确保平台和单个系统都拥有特长，以确保优势地位。在此情况下，大力发展 5G 也就成了日本政府推动的国家战略。

4.5 欧盟

百年以来，欧洲一直都是世界政治、经济、文化中心之一，每天有海量的信息通过网络在欧洲大陆流通并向全世界传播，欧洲的网络是世界上最繁忙的网络之一。5G商用对于欧洲意义重大，5G的高速率、低时延和大连接等特点将为欧洲大陆搭建一条新的、可移动的网络，极大地促进各项经济的发展。欧洲各国对频谱分配有很成熟的经验，大部分国家以拍卖为主，部分国家寻求将频谱拍卖出高价以获得高额的商业利益。在3G频谱的拍卖过程中，天价的中标费用使欧洲部分电信企业元气大伤。目前有部分国家已经开始协商降低频谱的费用，但是并没有在欧洲范围内达成共识，大部分国家的频谱价格依然居高不下。北欧部分国家已经意识到相对于高额的频谱授权费用，更早地完成5G生态所能带来的经济效益似乎更加可观。2018年5月，丹麦、芬兰、冰岛、挪威和瑞典五个北欧国家签署了关于发展5G的合作信函，内容包括以下几点：各方鼓励开发新的5G测试设施；确保区域内5G频段的技术协调；消除5G网络部署过程中的障碍，尤其是基站和天线的建立；鼓励并规划5G在特定行业的发展，如运输、通信、制造业等。同时，五国也承诺为运营商提供价格相对低廉的频谱资源，让运营商以较低的风险布局5G生态系统。

目前，欧洲已有多国正在加紧5G网络的部署，并且探索5G的应用。其中，西班牙、芬兰、瑞士、英国等已经正式提供5G商用服务，摩洛哥已经在全国范围内覆盖了5G网络，其余部分欧洲国家特别是欧盟成员国也已经完成了频谱的分配与拍卖。在欧洲范围内，各国的5G部署进度很难齐头并进，有些国家是因为政府还没有发放牌照，有些国家是因为目前没有频谱资源可用，东欧国家的5G建设进度就远远落后于西欧各国。从目前已进行5G商用或完成频谱拍卖的国家来看，欧洲的5G频谱基本集中在3.4～3.8GHz频段。虽然目前国际公认位于sub-6GHz的频谱资源最适合发展 5G，但是欧洲各国面临的普遍问题是 3.5GHz 频段的连续频谱资源不足，大部分欧洲国家都无法划分出 100MHz 的连续频谱资源给一家电信运营商，有些国家的电信运营商只拿到 40MHz 的频谱资源，这可能导致 5G 的实际性能达不到设计标准。因此，欧洲各运营商和网络设备公司都提出了相应的解决方案，其中比较热门的一种就是利用频谱共享技术，根据 5G 的发展进度逐步占据部分 4G 频谱以满足 5G 高带宽的要求；另一种是利用载波聚合技术，通过在不同频段同时传输不同部分的数据，将分散在不同频段的频谱资源一同利用起来，满足 5G 高带宽的要求。目前，已经开始在部分地区正式商用 5G 的欧洲国家有芬兰、德国、意大利、罗马尼亚、西班牙、瑞士、英国等。其中，著名通信设备供应商诺基亚的总部所在地芬兰，被认为是最有可能追赶上由中、美、韩组成的 5G 部署第一梯队的国家。

芬兰的频谱拍卖于 2018 年 10 月完成。同年 12 月，芬兰电信运营商 Elisa 就宣布 5G 正式运营，并推出了全球首个 5G 套餐。此外，值得称道的是不同于一些欧洲国家，芬兰为了当地运营商能在 5G 建设中投入更多资金，以很低的价格拍卖本国的频谱资源：TeliaFinland 以 3026 万欧元拍得 3410～3540MHz 频段的频谱资源；Elisa 以 2635 万欧元拍得 3540～3670MHz 频段的频谱资源；DNA 以 2100 万欧元拍得 3670～3800MHz 频段的频谱资源。目前，芬兰已经在包括首都赫尔辛基在内的三个城市开通了 5G 商用服务。芬兰的 5G 套餐价格约为 50 欧元，用户可以体验不限量、不限速套餐。芬兰政府希望本国移动通信用户中 5G 用户的占比在 2025 年可以达到 45%。

与芬兰拥有相似光明前景的国家还有瑞士。瑞士的频谱拍卖于2019年2月结束，共拍得资金3.8亿瑞士法郎（当时约合3.79亿美元），拍卖的范围涉及700MHz、1.4GHz、2.6GHz和3.5GHz四个频段。其中，Salt在700MHz频段拍得20MHz，在3.5GHz频段拍得80MHz，在1.4GHz频段拍得10MHz，共花费9450万瑞士法郎；Sunrise在700MHz频段拍得20MHz，在3.5GHz频段拍得100MHz，在1.4GHz频段拍得15MHz，共支付8923万瑞士法郎；Swisscom在700MHz频段拍得30MHz，在3.5GHz频段拍得120MHz、在1.4GHz频段拍得50MHz，共花费1.956亿瑞士法郎。除此之外，还有部分位于700MHz、1.4GHz和2.6GHz的频谱无人问津，可见瑞士频谱资源的丰富程度。瑞士表示，在之后会再次组织拍卖这些频谱。虽然瑞士的频谱价格高于芬兰数倍，但相比德、意、英等国还是相当廉价的。相对低廉的频谱价格为运营商节省了大量的经费用于建设基站。瑞士政府表示，瑞士完成全国5G基本覆盖需要建设1.5万个基站。瑞士运营商表示有信心在2019年底完成全国范围内5G基本覆盖。目前，瑞士在售的5G机型相对于其他欧洲国家还是比较丰富的，运营商推出的5G资费都在75～80瑞士法郎。

西班牙于2019年7月完成了频谱拍卖，共筹得资金4.377亿欧元，频谱价格处在欧洲地区的平均水平。本次拍卖的频谱资源位于3.6～3.8GHz，共计20MHz，沃达丰以1.98亿欧元取得90MHz的频谱，此前沃达丰在3.5GHz频段上并无频谱资源。西班牙电信以1.07亿欧元拍得50MHz频谱，Orange则以1.32亿欧元拍得60MHz频谱。在本次频谱拍卖中，西班牙政府规定运营商不得在3.4～3.8GHz持有超过120MHz的

频谱资源。西班牙电信和Orange在本次拍卖中未尽全力。Masmovil虽然在本次拍卖中未有斩获，但是其在此前的两笔收购中已经获得了此频段80MHz的频谱资源，未来西班牙的5G市场还将由四家运营商共同竞争。目前，西班牙的5G资费有两种，分别是50欧元和110欧元。西班牙已经有超过14万用户使用了以上两种资费，体验到了5G网络的好处。

意大利在2018年9月的频谱拍卖中共获利65.5亿欧元，远超其他欧洲国家。本次意大利拍卖的频谱资源涉及低、中、高三个频段，共有5家运营商在此次拍卖会上有所斩获。意大利电信与沃达丰都以24亿欧元拍得位于3.7GHz频段的80MHz频谱、26GHz频段的200MHz频谱和700MHz频段的20MHz频谱，Iliad Italia以12亿欧元购得26GHz的200MHz频谱、3.7GHz的20MHz频谱和700MHz的10MHz频谱，Wind Tre以5.17亿欧元购得3.7GHz的20MHz频谱和26GHz的200MHz频谱。本次拍卖对于意大利电信运营商来说可谓是元气大伤，意大利电信不得不出售意大利广播公司Persidera的多数股权以筹得资金。意大利运营商也都将5G覆盖的目标调整得极为遥远，意大利电信计划2021年底覆盖21%的人口，沃达丰计划2021年底在100座城市开通5G。

欧洲的电信技术和5G技术储备处于世界领先地位。在从1G到4G的长期积累中，欧洲诞生了诺基亚、爱立信、阿尔卡特等享誉全球的网络设备制造商，此外还有沃达丰、德国电信等在全球开展业务的电信运营商。在5G的研发和标准制定中，欧洲企业也发挥了举足轻重的作用，诺基亚和爱立信共计取得了超过22%的标准必要专利。同时，欧盟对5G建设非常重视，规定2020年欧盟成员国必须至少在一个城市开启5G，

2025 年欧盟成员国要在主要城市、公路和铁路提供 5G 覆盖。与此同时，欧洲的 5G 建设要面临着远比其他发达地区更复杂的挑战。除了缺乏资金建设 5G 基站之外，欧洲需要面临的另一个严峻的困难就是 4G 和 LTE 网络覆盖不足。由于 3G 频谱价格过高，运营商需要较长的时间收回成本，同时也无力建设新的网络。欧洲的 4G 网络普遍建设得晚，覆盖率低。某些国家在 2010 年以后才开始建设 4G 网络，至今覆盖率不足 70%。即使仅进行 5G 建设前期的非独立组网，这些国家也没有足够的 4G 基站可供改造。

目前，欧洲对 5G 的热度很高，大部分民众对 5G 也相当热情。依靠雄厚的技术储备和丰富的金融工具，欧洲的 5G 建设有着光明的前景，必然会领先世界平均水平。

4.6 英国

英国的电信行业一直处于全球领先地位，同时英国也是全球第一批正式商用 5G 的国家之一。目前，英国主要的移动电信运营商有四家，分别是沃达丰、EE、O2 和 3UK。根据英国通信管理局（OFCOM）发布的消息，英国将为 5G 分配低、中、高三个频段的部分频谱资源，分别在 700MHz、3.4～3.8GHz 和 24.25～27.5GHz。英国已经完成了 3.5GHz 频段的频谱拍卖，由沃达丰、EE、O2 和 3UK 共同分享了 150MHz 的带宽，拍得资金 13.5 亿英镑。其中，沃达丰拍得 50MHz，EE 和 O2 各拍得 40MHz，3UK 拍得 20MHz。

虽然英国四个主要电信运营商拍得的频谱资源有限，但并没有影响到英国 5G 业务的开通和部署进程。英国最大的移动电信运营商 EE 在 2019 年 5 月 19 日就正式开通了 5G 商用服务，英国成为继韩国、美国之后第三个正式商用 5G 的国家。全球最大的移动通信运营商沃达丰也于 2019 年 7 月 19 日在英国 7 个城市开通了 5G 服务。目前，英国能体验到 5G 的地方包括伦敦、卡迪夫、爱丁堡、贝尔法斯特、伯明翰、曼彻斯特、利物浦、布里斯托尔、加的夫和格拉斯哥的主要城区及人口密集的城区。

英国的移动通信市场灵活，各运营商之间除了相互竞争还有合作的关系。在网络部署上，除了虚拟运营商，运营商之间也会互相租用基站设备，以达到更好的网络覆盖和更低的运营成本。此前，沃达丰和 O2 就新一轮的网络共享协议达成共识，未来两家将继续共用在英国的联合网络站点和天线设备，以加快 5G 的部署速度。沃达丰的首席执行官尼克·里德（Nick Read）表示，这种竞争对手间通过相互出售部分基站设备的股份等手段合作以提升整体竞争力的方式应该被提倡。英国通信管理局的频谱组主管也对这种看法表示支持，并相信此项措施对英国制造业、农业及新兴的技术公司有所帮助，可以显著提升 5G 背景下的英国经济。

英国民众对 5G 抱有极大的热情，仅 EE 一家电信公司在正式开通 5G 之前就有 45 万用户预约成为第一批 5G 用户。英国电信运营商预测英国将在 2022 年达到 5G 全国覆盖，至少 98% 的人口能享受到 5G 网络，5G 用户的人均月流量将会达到 90GB。目前，沃达丰和 EE 都推出了不同的 5G 套餐。EE 的套餐为用户提供了最快的 5G 体验，分别为 32 英镑 20GB 的基础流量套餐、79 英镑 120GB 和一部 5G 手机的绑定流量套餐，这两款套餐都是不限速套餐。沃达丰为用户设计了截然不同的无限量套餐，分别为 23 英镑 2Mbit/s、26 英镑 10Mbit/s 和 30 英镑 100Mbit/s~150Mbit/s 三款。虽然网络速度远远达不到其他运营商提供的 5G 速度，但这也使英国沃达丰（Vodafone UK）的资费在世界上属于最低水平。

4.7 德国

德国是欧洲经济实力最强的国家，GDP 位于世界第四，是一个传统工业强国。为了巩固德国制造业在国际上的地位，德国政府提出了“工业 4.0”。在这个目标下，物联网、智能制造、智慧物流等技术需要 5G 网络支撑，可见 5G 网络对于德国的重要性。在消费电子领域，德国的 IFA 大会是世界上最大也是最重要的消费类电子产品展览会，华为、三星、苹果等移动终端制造商都会在 IFA 上发布最新产品，可见 5G 商用在德国有着良好的发展基础。

德国共有三家电信运营商，分别是德国电信、沃达丰和 O2。德国电信是欧洲第一大电信运营商，同时也是世界第五大电信运营商，在全球 50 多个国家开展业务，可见德国电信行业实力之强。德国从 2019 年 3 月 19 日开始拍卖位于 2GHz 和 3.6GHz 频段的 41 段频谱资源，共计 420MHz。共有四家电信运营商经过政府的层层审核，获得了拍卖资格。德国本次频谱资源拍卖共获得资金 65.5 亿欧元，超过 2014 年拍卖 4G 频谱所得的 51 亿欧元，但远远低于被欧洲运营商视为灾难的 3G 频谱拍卖。德国运营商为德国当地的 3G 频谱付出了总计 500 亿欧元的代价，3G 频谱拍卖严重拖后了德国电信行业的发展。在德国 5G 频谱拍卖的总计 497 轮招标中，德国电信以 27.1 亿欧元的价格拍得了 13 段共计 130MHz 的频谱，沃达丰以 18.8 亿欧元拍得共计 130MHz 的 12 段频谱，O2 以 14.2 亿欧元拍得共计 90MHz 的 9 段频谱，Drillisch 以 10.7 亿欧元拍得共计 70MHz 的 7 段频谱并希望借此机会成为德国第四大电信运营商。

虽然德国已经完成了 5G 频谱的拍卖工作，但是德国运营商对 5G 部署的热情不高。德国电信的德国业务主管德克 · 沃斯纳认为此次频谱拍卖对于德国电信运营商来说无异于饮鸩止渴，德国频谱资源的价格过高，严重影响了运营商的资金情况。沃达丰德国 CEO 也对媒体表达了相似的意见。目前，德国电信已经在柏林和波恩开通 5G 服务，在柏林部署了 20 个 5G 天线，提供了 70 个小区服务。德国电信表示将在 2019 年建设总计 300 个 5G 天线。沃达丰也通过其合作伙伴爱立信的帮助在 20 个城镇部署了 5G 天线，并已经启动测试。鉴于 5G 频谱占用了德国运营商的大笔资金，扩建 LTE 为更多农村地区提供 4G 网络依然是德国电信运营商的重点工作，德国电信运营商纷纷表示不会在欧洲范围内率先推出 5G 全国性服务。德国电信和沃达丰都表示于 2020 年才开始在全德国范围内逐步提升开通 5G 的城市的数量，沃达丰将目标定为 2021 年底拥有 2000 万个 5G 用户。此外，O2 也希望在 2021 年开始在德国开展 5G 业务。三家运营商承诺将在 2025 年底使 5G 信号范围覆盖 98% 的人口。

目前，德国仅有德国电信提供了两种 5G 资费，它们是世界上最贵的 5G 资费。两种套餐都为绑定套餐：一种是和三星 Galaxy S10 5G 版绑定的合约机套餐，手机售价为 799.95 欧元，每月资费为 84.95 欧元，包括通话短信以及上行速率为 100Mbit/s 的不限速、不限量流量；另一种是和 HTC 5G Hub 绑定，移动路由器售价为 555 欧元，每月资费为 74 欧元，消费者可以享受上传速率为 50Mbit/s 的不限速、不限量移动网络，还可以通过路由器与伙伴分享。

4.8 澳大利亚

澳大利亚是南半球最富饶的国家之一，但是澳大利亚的网络状况并不理想，众多欠发达地区还在使用 3G 甚至 2G 网络，有许多发达且人口密集的区域还在使用 ADSL 或 ADSL2 固定网络。目前，澳大利亚特别重视本国固定与移动网络的建设，同时也持续在周边国家加强澳大利亚网络建设的影响力。在 5G 的建设方面，澳大利亚起步非常早，虽然受限于本国的政治和经济影响，在后续部署过程中稍有落后，但也处于全球第二梯队。与政府的态度不同，随着 5G 距离商用越来越近，澳大利亚部分民众对 5G 的抗拒越来越明显，在全澳多地举行了众多大型的反 5G 游行，游行民众包含老、中、青、幼四代，他们主要担心 5G 产生的辐射会影响自己的身体健康。考虑到澳大利亚民众对流量的需求普遍不高，2016 年人均月消费流量仅为 500MB，所以部分民众对 5G 的热情不高也并不令人意外。

澳大利亚的电信市场竞争非常激烈，远超其他国家的水平。移动通信巨头有澳洲电信、沃达丰和 Optus。此外，还有许多小运营商与虚拟运营商疯狂地抢占移动通信市场，如澳洲电信旗下的 Belong、Virgin mobile、

固定网络巨头 TPG 等大大小小 34 家虚拟运营商。澳大利亚于 2018 年 12 月完成了共计 700MHz 的频谱拍卖，涉及 14 个地区，拍得资金 6.16 亿美元。有四家运营商一起拍得了所有 350 个批次的频谱，分别是澳洲电信、Optus，以及沃达丰与 TPG 的合资企业 Mobile JV Pty、Dense Air。其中，澳洲电信花费 2.861 亿美元拍得了 13 个地区的 141 组频谱，Optus 花费 1.8507 亿美元拍得 47 组频谱，Mobile JV Pty 花费 2.6328 亿美元拍得了 14 个地区的 131 组频谱，Dense Air 以 1849.2 万美元拍得 29 组频谱。本次拍得的频谱授权统一从 2020 年 3 月至 2030 年 12 月 31 日，运营商在不影响现有频段持有者的条件下可以提前使用这些频谱。

2019 年 5 月，澳大利亚正式在部分地区提供 5G 商用网络服务，分别是堪培拉、悉尼、墨尔本和布里斯班的中心城区，目前全部由澳洲电信提供。澳洲电信已经在上述地区部署了超过 200 个基站，并计划 2020 年将 5G 的覆盖区域提高到 25 个主要城镇。Optus 也已经开始在悉尼部署 5G 网络。与澳洲电信不同的是，目前 Optus 正在以利用 5G 提供固定网络为切入点对 5G 进行商用。该公司已经在悉尼的部分郊区建设了 50 个基站，通过不断地升级改造，其 5G 网络的峰值速率已经接近 300Mbit/s，平均速率也达到了 100Mbit/s。Optus 计划 2019 年完成在维多利亚州部署 30 个基站的目标，并于 2020 年 3 月以前在新南威尔士州、维多利亚州、昆士兰州、澳大利亚首都领地、南澳和西澳部署总计 1200 个 5G 基站。目前，沃达丰与 TPG 的合资企业 Mobile JV Pty 还没有推出正式的 5G 商用网络，但是考虑到沃达丰在移动通信市场的实力、TPG 在固定网络的成熟程度和在移动市场的勃勃野心，Mobile JV Pty 加入 5G 市场的争夺仅仅是时间问题。除了传统的三大运营商之外，来自英国的运营商Dense Air是澳大利亚电信运营商里的一个新势力。Dense Air表示，他们的5G业务将会是利用手中的频谱资源，专注在人口密集的商场、写字楼和体育场等地部署室内天线，以提高这些地区的5G整体性能。未来，Dense Air可能会专注于出租他们的频谱与设备给其他电信运营商。

目前，澳大利亚只有澳洲电信为消费者提供了移动5G套餐，分别是三星Galaxy S10 5G的两年合约套餐和HTC 5G Hub的两年合约套餐，它们均可在澳洲电信的网上官方商城订购。HTC 5G Hub套餐分为三档，分别是70澳元25GB、94澳元60GB和104澳元100GB。Optus的固定网络价格为70澳元，且不限速、不限量，平均速度达到了100Mbit/s，与目前澳大利亚的大部分NBN网络相比，价格有较明显的优势。但是，随着接入用户数增多，Optus的网络性能表现还无法确定。

4.9 5G建设分析

5G将会对现有的社会经济信息系统的基础设施及通信通道进行跨时代的升级，5G网络建设将会成为驱动经济发展空前强大的引擎，5G延伸出的行业应用会创造巨大的产值。5G还将使物联网进入一个新的时代，范围内终端入网数量将极大提升，任何设备都能上传采集到的数据，数据种类将更加丰富。大数据、云计算、人工智能等创新技术及5G的应用，将促进人与物、物与物的交互和互联。

在5G建设层面，虽然各国对5G建设的迫切度和资金投入力度稍有不同，但是各国对5G的重视程度都非常高，都在国家层面为5G建设提出了指导性意见。目前，各国都在非常积极地探索更快、更好、更节省资金的5G建设方式。基站共建共享，对现有4G基站进行升级改造或先期部署NSA网络是当前主流的5G建设方案。同时，各国也在对5G更深一层的建设部署开展探索性的研究，如SA组网、高频5G、网络切片、5G工业场景应用等。

除了已经正式实现5G商用的国家之外，越来越多的国家也正在为建设5G进行前期准备。目前已经发放完频谱、正在发放频谱和有计划发放频谱资源的国家不在少数，已经批准当地运营商进行实验性建设的国家也有很多。考虑到移动通信技术的每一次迭代都会为经济发展带来质的飞跃，没有国家希望在5G网络上慢人一步。

目前制约5G网络建设的因素主要分为三个方面：一是频谱资源有限，各国政府还要在频谱资源的分配上多做先行性研究，使分配更加切合需求，避免浪费，此外还要释放闲置的频谱资源，探索频谱共用技术，努力扩大5G可用的sub-6频段频谱资源；二是资金需求过于庞大，各国政府需要在5G的基础网络建设上投入更多资金，为运营商建设5G网络开放更多更加灵活的金融工具，以政府集中采购等方式降低基站、机房、光纤等设备的价格，吸引更多租赁企业加入基础网络建设，广泛吸纳社会资金建设5G；三是基站产能有限，目前市场上成熟的5G基站、交换机、光纤等设备制造商仅有寥寥几家，产能还要被需求量更加庞大的4G设备瓜分不少，5G基站产能有限，政府需要根据本国5G建设计划向设备商早下订单，避免出现资金到位但设备不到位的尴尬情况。

第 5 章

我国 5G 研发和网络建设推进情况

5.1 技术标准

在有关技术标准方面，我国及早开展了各项工作。

首先，成立了 IMT-2020（5G）推进组，全面组织开展 5G 技术标准研发工作。2013 年 2 月，在工信部、发改委、科技部等相关政府部门的大力支持下，我国的 5G 研发平台——IMT-2020（5G）推进组（简称“推进组”）正式成立。已有来自运营商、制造商、研发机构及学校等单位的多位成员加入了推进组。推进组下设 5G 应用工作组、频谱工作组、网络技术工作组、5G 承载工作组、5G 试验工作组、C-V2X 工作组、标准工作组以及知识产权工作组等多个细分工作小组，如图 5-1 所示。推进组全面组织开展我国 5G 的研发和推进工作，特别是在技术创新、标准推进、产业协作和国际合作方面发挥重要作用。随着 5G 标准的阶段性落地，推进组将工作重心逐渐向 5G 产业化以及 5G 融合应用等方面转移。

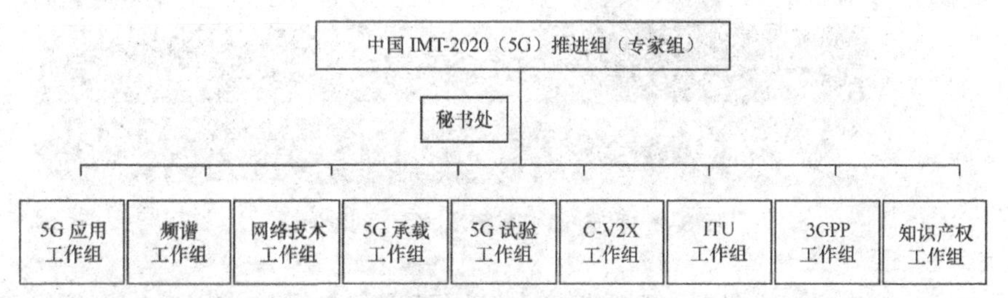

- 5G 应有长作组：研究 58G 与垂直行业融合的需求及解决方案，开展试验与应用示范，进行产业应用与推广
- 频谱工作组：研究 5G 频谱相关问题
- 网络技术工作组：研究 5G 网络架构及关键技术
- 5G 承载工作组：研究 5G 承载关键技术及方案，开展测试验证，协同推进承载产业发展
- 5G 试验工作组：推进 5G 试验相关工作
- C-V2X 工作组：研究 V2X 关键技术，开展试验验证，进行产业应用与推广
- 各标准工作组：推动 ITU、3GPP 和 IEEE 等国际标准化组织的相关工作
- 知识产权工作组：研究 5G 相关知识产权问题

图 5-1 中国 IMT-2020（5G）推进组组织架构

其次，5G 技术研发试验三阶段工作均已顺利完成。按照我国制定的 5G 研发计划，从 2016 年到 2018 年，我国 5G 技术研发试验分为关键技术验证、技术方案验证和系统方案验证三个阶段，如图 5-2 所示。5G 第一阶段试验于 2016 年 1 月全面启动，并在同年 10 月前完成了 5G 无线网络及关键技术的性能和功能测试。第一阶段试验充分验证了 5G 关键技术在支持 Gbit/s 用户体验速率、毫秒级端到端时延、每平方公里百万连接等多样化 5G 场景需求的技术可行性。5G 第二阶段试验面向 5G 典型场景，国内外主流的运营、设备、芯片、仪表等企业联合开展了系统技术方案测试，并在 2017 年很好地完成了测试任务，为建立全球统一的 5G 标准和产业生态奠定了重要基础。5G 第三阶段试验已在 2018 年顺利完成。测试结果表明，5G 基站与核心网设备均可支持非独立组网和独立组网模式，主要功能符合预期，达到预商用水平。

图 5-2　我国 5G 技术研发试验时间段划分

我国在 5G 全球统一标准制定中发挥了举足轻重的作用。一是积极参与 5G 标准制定，成为 5G 标准制定的重要力量。推进组编制了《5G 愿景与需求》白皮书，其中提出的八大 5G 关键性能和效率指标被 ITU 采纳，成为全球共识，这是我国首次牵头制定新一代移动通信技术应用需求；来自我国电信运营商、研究机构等单位的专家在 ITU、3GPP 等国际组织机构

中担任多个重要职务，有效提升了我国在 5G 国际标准化领域的地位和影响力；我国企业提交了大量的标准提案，如华为共递交 5G 提案 1.8 万件、中国信科集团提交标准提案超过 5000 件、中兴累计提交 5G NR/NexGen Core 国际提案超过 5000 件，为 5G 标准的制定做出了巨大的贡献。二是 5G 必要专利总量和占比突出。德国专利数据库公司 IPlytics 发布的报告《*Who is Leading the 5G Patent Race*》显示，截至 2019 年 6 月，全球 5G 通信标准必要专利申请数量已超过 6 万件。从企业层面看，华为声明了 2160 项 5G 标准必要专利，位列全球第一，而诺基亚和三星分别以 1516 项、1424 项的声明数量居于第二和第三位；从国家层面看，我国华为、中兴、大唐电信和 OPPO 四家公司已经声明了 4300 多个 5G 标准必要专利，我国声明的标准必要专利占比超过 36%，成为全球 5G 标准必要专利第一大国，如图 5-3 所示。

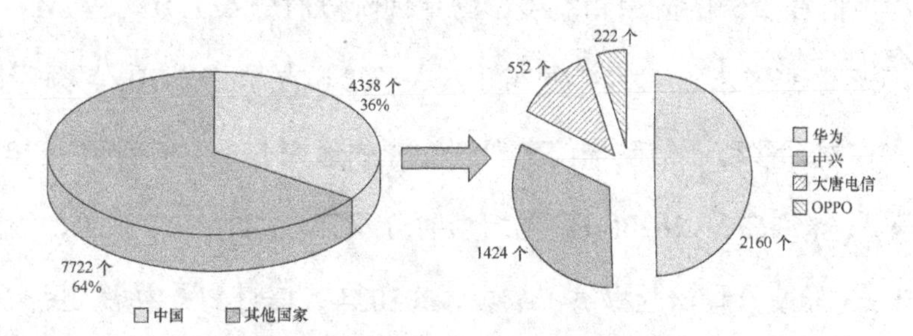

图 5-3　全球及我国声明的 5G 标准必要专利情况

5.2　频率规划

在频率规划方面，首先重视 IMT 频率规划研究，为 5G 产业发展做好资源储备。我国移动通信从 2G 到 3G，是从语音通信时代到数字通信时代的转折性变化。2002 年，我国发布 3G（IMT-2000）频率规划《关于第三代公众移动通信系统频率规划问题的通知》（信部无〔2002〕479 号），在主要工作频段中，频分双工（FDD）方式频段为 1920～1980MHz、2110～2170MHz，时分双工（TDD）方式频段为 1880～1920MHz 、2010～2025MHz；在补充工作频率中，频分双工方式频段为 1755～1785MHz、1850～1880MHz，时分双工方式频段为 2300～2400MHz ，与无线电定位业务共用，均为主要业务，共用标准另行制定。卫星移动通信系统工作频段为 1980～2010MHz、2170～2200MHz，为加速推进我国公众移动通信产业发展奠定了良好的基础。2007 年在世界无线电通信大会（WRC）上，我国支持 3400～3600MHz 频段标注用于 IMT 系统。2010 年，为了适应和促进国际移动通信在我国的应用和发展，满足现阶段时分双工方式的 IMT 系统对频率资源的需求，工信部颁布了《关于 2.6 吉赫兹（GHz）频段时分双工方式国际移动通信系统频率规划问题的通知》（工信部无〔2010〕428 号），将 2570～2620MHz 规划为时分双工方式的 IMT 系统，为开展 TD-LTE 试验及规模试验提供了依据。2010 年，修订的《中华人民共和国无线电频率划分规定》明确引入了相关脚注。2011 年，确定了扩展 C 频段的频率使用原则，以引导卫星固定业务频率的使用逐渐转移至其他频段，为移动通信产业发展做好频率资源储备。2012 年，为了满足 3G 和 4G 系统的频率需求，工信部正式发布了《工业和信息化部关于国际移动通信系统（IMT）频率规划事宜的通知》（工信部无〔2012〕436 号）。其中，《关于第三代公众移动通信系统频率规划问题的通知》（信部无

〔2002〕479 号）文中规划的频率统一调整为 IMT 系统工作频率，对应的时分双工和频分双工方式不变，2500～2690MHz 频段为时分双工方式的 IMT 系统工作频率，2300～2400MHz 频段的 IMT 系统主要限于室内使用，经协调批准后方可用于室外。2015 年，在 WRC-15 大会上，我国推动 3300～3400MHz、4400～4500MHz 和 4800～4990MHz 频段确定用于 IMT 系统，为提升我国移动通信产业在国际上的话语权打下了坚实的基础。

其次，抢抓 5G 产业的发展机遇，利用中频频率规划占据国际先机。3～5GHz 是 5G 连续覆盖必需的频段，其传播特性好，带宽相比低频段较宽。由于低频段在快速实现重耕方面存在困难，而高频段重点解决热点速率提升的问题，与中频段功能的定位不同，所以在解决 5G 时期基础覆盖问题时，中频段的重要性凸显，它可以实现覆盖和容量的平衡。世界主要国家和地区非常重视 3～5GHz 频段用于 5G 系统，我国更将其作为先期部署频段。2016 年 1 月，我国批复 3400～3600MHz 频段用于 5G 技术试验；2017 年 7 月，我国又批复 4800～5000MHz 频段用于 5G 技术试验，开展中频频段的规划前期工作，从而为 5G 系统技术研发、国际标准制定、5G 产业加速推进发展提供了大力支持。2017 年 6 月，工信部将 3300～3600MHz 和 4800～5000MHz 频段的 5G 频率规划方案向公众征求意见，规划工作取得突破性进展。2017 年 9 月，在拟修订的《中华人民共和国无线电频率划分规定》中，确定 3300～3400MHz、4400～4500MHz 和 4800～5000MHz 频段用于 IMT 系统。2017 年 11 月，《工业和信息化部关于第五代移动通信系统使用 3300～3600MHz 和 4800～5000MHz 频段相关事宜的通知》正式发布，规划3300~3600MHz和4800~5000MHz频段作为5G系统的工作频段，其中3300~3400MHz频段原则上限于室内使用。至此，我国成为世界上率先发布5G系统在中低频段内频率使用规划的国家。2018年7月，最新修订的《中华人民共和国无线电频率划分规定》施行，为5G系统新增了600MHz的频率划分，进一步提升了产业界对5G发展的信心。2018年12月，我国完成对中国移动、中国联通和中国电信三大运营商的频谱分配，进一步推动了我国中频段5G商用的步伐。中国移动获得2515~2675MHz、4800~4900MHz频段的5G试验频率资源，其中2515~2575MHz、2635~2675MHz和4800~4900MHz频段为新增频段，2575~2635MHz频段为重耕中国移动现有的TD-LTE（4G）频段。中国电信获得3400~3500MHz共100MHz带宽的5G试验频率资源，中国联通获得3500~3600MHz共100MHz带宽的5G试验频率资源。

最后，同步推进5G高频段频率规划，引导5G系统毫米波产业发展。5G系统在规划之初就确定了“全频段”方案，需要从高频、中频、低频统筹规划无线电频谱资源。6GHz以上毫米波高频段对5G速率和容量有着至关重要的作用，能实现20Gbit/s的峰值速率，具备容量、速度优势，能为5G提供一系列高密度地区的峰值流量承载场景，包括大型运动赛事场所及人流密集的商业中心等。积极推进5G高频规划工作，对于加快5G高频技术研发和关键器件研制、强化标准与产品研发及投入、攻克芯片及模块等产业链薄弱环节、加快推进5G高频全产业链的成熟和发展具有重大的意义。2017年6月，工信部公开征集24.75~27.5GHz、

37～42.5GHz 或其他毫米波频段用于 5G 系统的意见，推动 5G 高频段频率规划工作，得到了通信产业界的广泛关注和大力支持。2017 年 7 月，工信部批复 4.8～5.0GHz、24.75～27.5 GHz 和 37～42.5GHz 等 5G 技术研发试验频段，助推 5G 技术高频试验工作，试验地点包括北京怀柔、顺义的 5G 技术试验外场等，这为我国 5G 高频器件研发及产业化进程奠定了良好的基础。与此同时，工信部与相关部门积极开展 5G 系统 6GHz 以上毫米波频段协调，深入开展世界无线电通信大会 WRC-1.13 等相关议题研究，立足于全球，推动全球或区域频率一致性，为我国 5G 高频产业发展做好基础资源储备工作。

5.3　商用试点

当前，我国已建成全球最大的 5G 试验网，处在 5G 商用全球第一梯队。传统的三大运营商——中国移动、中国联通及中国电信是我国 5G 网络建设的主力，均发布了 5G 规划图，加紧在全国部署 5G 网络。随着工信部完成对新四大运营商（传统的三大运营商及中国广电）5G 频谱的划分，5G 进程已达到试商用和商用的冲刺阶段。2019 年 10 月 31 日，三大运营商推出 5G 商用套餐，标志着我国 5G 正式商用。

（1）四大运营商建设路径

中国移动、中国联通、中国电信分别选取试点城市进行 5G 应用场景试商用工作，从网络部署到终端及应用场景各个方面均有序进行，而中国广电的进展相对缓慢。四大运营商相继公布了各自的建设路线图。

★中国移动在2018年底启动各大试点城市先试先行，预计2020年达到最终规模商用。

★中国联通依靠5G终端优势切入，于2019年进行终端设备的采购、发布、测试商用，预计在2020年进行大规模商用。

★中国电信自2018年中开启内外场结合进行业务测试以及规模试点等工作，预计在2020年进行大规模部署。

★中国广电在2019年启动试验网建设，预计2020年中开始试商用，2020年底开始规模商用5G网络。

（2）首批5G商用试点城市概况

2018年11月，工信部向中国移动、中国联通、中国电信三家电信运营商进行5G频谱分配，这标志着我国5G进入了试商用阶段。随着5G建设的逐渐推进，我国传统三大运营商相继确立了自己的首批试点城市，如表5-1所示。上海成为第一个传统三大运营商均选中的试点城市。从各家运营商的试点城市数量比较来看，中国移动和中国电信的试点城市相对较少，而中国联通的试点城市最多。这说明中国移动和中国电信对于5G的建设更加谨慎，而中国联通十分想借助5G建设打一场翻身仗。这只是第一批5G商用试点城市，未来还将会有更多的城市加入到5G试点的行列中来。

表5-1 首批5G商用试点城市

中国移动	中国联通	中国电信
杭州、上海、广州、苏州、武汉	北京、雄安、沈阳、天津、青岛、南京、上海、杭州、福州、深圳、郑州、成都、重庆、武汉、贵阳、广州	雄安、深圳、上海、苏州、成都、兰州

首批5G商用试点城市共计18个，其中直辖市4个、副省级城市8个、省会城市10个、计划单列市2个、地级市1个。随着我国5G通信产业的不断推进，各省市也纷纷出台了5G相关的产业规划，如表5-2所示，一方面明确了未来5G的发展目标，另一方面也为未来5G的发展规划了详细的实施路径和切实可行的发展建议。

表5-2 我国部分省市的5G通信产业规划

地区	文件名称	主要目标
北京	《北京市5G产业发展行动方案》	到2022年，北京市5G产业实现收入约2000亿元，拉动信息服务业及新业态产业规模超过1万亿元
河南	《河南省5G产业发展行动方案》	基本完成5G规模组网部署并实现商用，中心城市和重要功能区实现5G全覆盖；5G产业规模超过1000亿元
广东	《广东省加快5G产业发展行动计划》	到2020年底，珠三角中心城区5G网络基本实现连续覆盖和商用；全省5G基站累计达6万个，5G个人用户数达到400万；5G产值超3000亿元；5G示范应用场景超过30个。到2022年底，珠三角建成5G宽带城市群，粤东、粤西、粤北主要城区实现5G网络连续覆盖；全省5G基站累计达17万个，5G个人用户数达4000万；5G产值超万亿元；5G示范应用场景超过100个
浙江	《关于推进5G网络规模试验和应用示范的指导意见》	2019年开展部分重点区域试商用，2020年全省5G网络规模部署并实现快速商用
山东	《山东省新一代信息技术产业专项规划》	大力建设5G基础设施，加快5G技术的研发，依托青岛和济南启动5G商用服务
江西	《江西省5G发展规划》	到2020年，江西省新建5G基站数量超过20000个
四川	《成都市促进5G产业加快发展的若干政策措施》	将5G基站建设列入各级政府年度重点工作，细化分解到具体单位并抓好落实

（3）*最新5G商用试点城市*

三大运营商公布了2019年5G网络投资规模和城市5G试点建设时序。其中，中国移动投资170亿元，中国联通投资70亿元，中国电信投资80亿元。中国移动2019年度5G投资规模最大，甚至超过其他两家的总和，可见其对 5G 的重视程度。2019 年，我国已公布 5G 试点城市如表 5-3 所示。三大运营商均选取的城市数量增至 6 个，且各自选取的城市数量相差不大。

表 5-3　最新的三大运营商 5G 试点城市

试点城市		中国移动	中国联通	中国电信
北京		√	√	√
上海		√	√	√
天津		√	√	
重庆			√	√
江苏	南京	√		√
	苏州	√	√	
广东	广州	√		√
	深圳	√	√	√
海南	海口		√	
	琼海		√	
河北	雄安		√	√
山东	青岛	√	√	√
福建	福州		√	√
河南	郑州	√		√
浙江	杭州	√	√	√
江西	鹰潭		√	
四川	成都	√	√	√
甘肃	兰州		√	
湖北	武汉	√	√	√
辽宁	沈阳	√		√
贵州	贵阳	√		√

（4）5G 商用试点城市评述和预测

自 2019 年 10 月 1 日起，三大运营商将会在以下 40 个城市开启 5G 网络试点：北京、天津、上海、重庆、合肥、福州、兰州、广州、南宁、贵阳、海口、石家庄、郑州、哈尔滨、武汉、长沙、长春、南京、

南昌、沈阳、呼和浩特、银川、西宁、济南、太原、西安、成都、拉萨、乌鲁木齐、昆明、杭州、大连、青岛、宁波、厦门、深圳、雄安、张家口、苏州、温州。

从首批18个商用试点城市逐步扩大到40个商用试点城市的过程是有其内在规律和外在原因的。首先，首批较少的商用试点考虑到了通过小规模组网来测试5G在组网中会遇到哪些问题，并加以解决，从而避免在之后的大规模组网时遇到同样的问题后不知所措，或者解决起来需要的时间和人工成本都较高。其次，三大运营商在不完全相同的城市分别进行试点，一方面便于当地内部工作人员和各地区的运营商业务骨干集中学习、交流培训，另一方面可借助当地领军的设备商共同测试小规模组网，并积累5G设备操作、管理、运维等方面的各类经验。最后，在应用场景方面的测试和展示可以产生一些示范效应及广告效应，吸引城市内外的客户共同关注5G。

5G的应用初期主要集中在eMBB部分，目前多应用于高清视频类对带宽和速率需求特别大的企业客户群中，如医疗、AR、VR、安防监控等行业用户。随着eMBB应用的不断拓展，以及5G的其他企业级、行业级应用逐渐成熟，5G的试点商用领域也会不断扩大，最终达到全领域、全地域的覆盖。

（5）中国广电5G商用试点介绍

中国广电在5G部署上的动作比三大运营商要慢得多，预计投资规模达24.9亿元，也是四家中最少的。2019年9月底，中国广电在上海进行了首批5G测试基站部署。从2019年底开始，中国广电5G试验网建设将在16个城市开展，分别为北京、天津、上海、重庆、广州、西安、南京、贵阳、长沙、海口、深圳、青岛、张家口、沈阳、长春、雄安。

5.4 网络部署

（1）5G网络建设开始进入大规模投资阶段

据统计，2019年我国5G总投资约为410亿元，三大运营商在2019年上半年业绩发布会上均明确了2019年5G投资预算。其中，中国移动在2019年上半年业绩报告会上表明，全年5G方面的投资预计为240亿元，比年初宣布的172亿元有所增加；中国联通明确2019年5G投资维持在80亿元左右；中国电信则明确全年5G投资规模约90亿元。按照上半年5G基站成本估算，2019年大约要建设10万个5G基站。根据全球移动通信系统协会（GSMA）发布的《移动经济》系列报告预计，从2018年到2025年我国5G网络建设投资将达到约1840亿美元，占亚洲5G总投资规模的近半。预计到2025年，我国移动网络将由5G和4G构成，其中5G占比约28%，4G占比仍然将达72%。

（2）我国将以独立组网为5G网络目标架构

在2019年上海举办的世界移动通信大会期间，中国移动等三大运营商均明确表示，SA是我国5G网络建设的最终目标，如图5-4所示。NSA仅能支持eMBB业务场景，SA则能同时支持eMBB、mMTC和uRLLC三大类5G业务场景。鉴于SA标准要到约2020年3月才能完全确立，而完全基于SA标准的网络最早要到2020年底建成。基于市场竞争的考虑，

为抢占 5G 市场，运营商将首先提供 NSA 制式的 5G 服务，这是 5G 商用的过渡性方案。目前，全球推出 5G 服务的运营商基本都是先建设 NSA 网络。

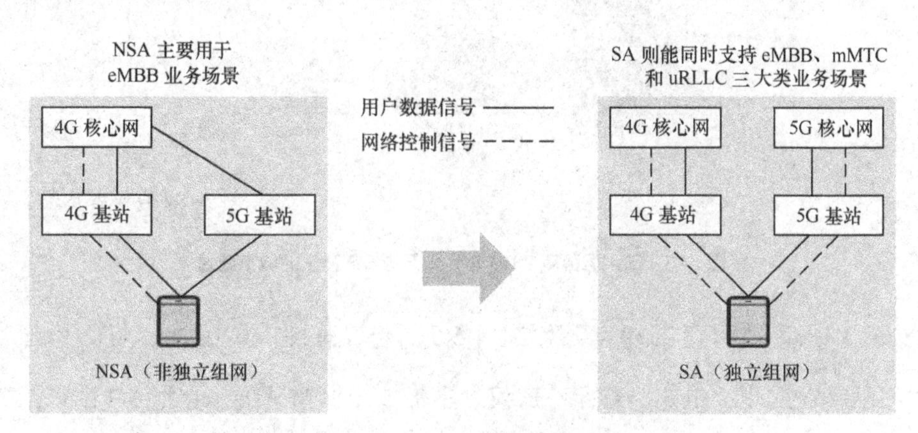

图 5-4　我国 5G 网络目标架构

我国三大运营商都在积极进行 NSA 规模部署以加速 5G 商用。中国电信已经建成以 SA 为主、SA/NSA 混合组网的规模试验网，将于 2020 年切换到以 SA 为主的部署轨道。中国联通确定了以 NSA 为先导模式的 5G 建设思路，并准备把 2G、3G 资源用于 5G 网络的建设。中国移动发布的“5G +”计划提出先期建设 NSA 网络，同步支持 NSA/SA，推进 5G + 4G 协同发展等策略。

（3）**三大运营商全面启动 5G 规模试验网建设**

2019 年 6 月 6 日，随着工信部向三大运营商及中国广电发放 5G 商用牌照，我国正式进入 5G 商用元年。三大运营商纷纷提出 2019 年试商用、2020 年正式商用的网络部署目标，其 2019 年计划开通 5G 商用的城市数量如图 5-5 所示。

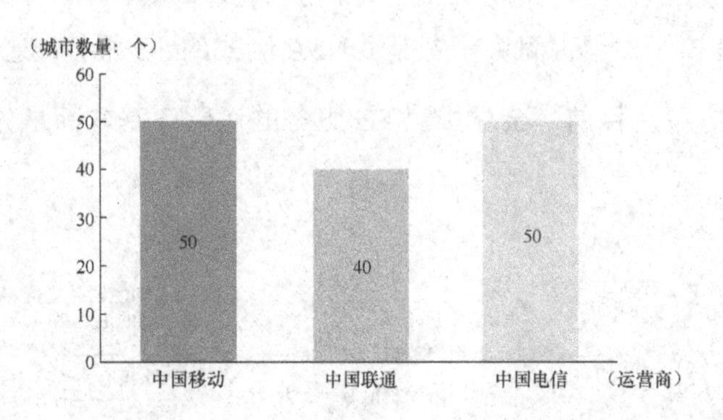

（赛迪智库整理）

图 5-5　三大运营商 2019 年计划开通 5G 商用的城市数量

中国移动明确 2019 年建设超过 5 万个 5G 基站。早在 2017 年，中国移动就在广州、杭州、苏州、武汉、上海 5 个城市开展了首批 5G 试点工作。2019 年，中国移动开始实施 5G 网络领航者计划，全面启动北京、成都、深圳等第二批 12 个城市的 5G 规模试验网建设。5G 牌照的发放推动中国移动进一步加快了 5G 的网络建设步伐。6 月 25 日，中国移动在上海发布“5G + ”计划，提出 2019 年在全国范围内建设超过 5 万个 5G 基站，在约 50 个城市提供 5G 商用服务。2020 年，中国移动将进一步扩大网络覆盖范围，在全国所有地级以上城市提供 5G 商用服务。

中国联通明确 2019 年 5G 基站建设目标为 4 万个。早在 2018 年 1 月，中国联通就宣布在北京、天津、上海、深圳、杭州、南京和雄安 7 个城市进行 5G 试验，2018 年 4 月又宣布增加南京等 9 个城市。截至 2018 年底，中国联通已经在这 16 个城市陆续开启了 5G 规模试验，成为 5G 试点城市最多的运营商，预计将在全国开展超过 600 个试验网建设。2018 年 4 月，中国联通提出将在全国 40 个城市开通 5G 服务。5G 牌照发放以后，中国

联通表示已经在国内 40 个城市开通 5G 试验网络，并推出 5G 体验计划。中国联通在 2019 年上半年业绩说明会上明确，上半年已建设 1.7 万个 5G 基站并开展了用户友好体验，下半年有望进一步加快 5G 商用步伐。2019 年底，中国联通计划建设总计超过 4 万个 5G 基站，在重点城市能够具备商用连续覆盖。

中国电信明确 2019 年 5G 基站建设目标为 4 万个。中国电信最初在上海、深圳、雄安、苏州、成都、兰州 6 个城市进行了试点工作，此后不断扩大试点范围，截至 6 月已在北京、上海、重庆、广州、深圳、雄安、苏州、杭州、成都、武汉、南京、福州、兰州、琼海、鹰潭、海口、宁波 17 个城市开展了 5G 规模测试和应用示范试点。中国电信董事长兼首席执行官柯瑞文在 2019 年上半年业绩发布会上表示，全年大约投资 90 亿元用于 5G 建设，在年底前将建设 4 万个 5G 基站，约分布在 50 个城市。

从三大运营商的 5G 网络部署来看，我国将首先在直辖市、省会城市、计划单列市等区域中心城市开通 5G 服务，以后逐步覆盖到各大地级市及东部沿海较发达的县级市城区，在这些城区实现规模连片覆盖以后再逐步向周边地区扩展覆盖范围。但在相当长的一段时间内，4G 通信将仍然是我国最主要的无线通信方式，预计到 2020 年我国 4G 覆盖范围将达 98%。

值得注意的是，中国联通和中国电信均在 2019 年上半年业绩说明会上表达了 5G 网络共建共享的明确意愿。中国联通表示将推进 5G 网络共建共享，目前正考虑两种方案并倾向于与中国电信合建一张 5G 网络的方案。中国电信也表示，中国电信和中国联通的管理层在 5G 网络共建共享方面形成了高度共识，正积极推进落实。

（4）北、上、广、深 5G 网络部署规模在全国处于领先地位

据不完全统计，截至 2019 年 7 月底，北京市已交付 5G 基站 7863 个，开通 6324 个，预计到年底全市建设基站将超 1 万个，覆盖包括城市核心区、冬奥会园区、世园会园区、大兴国际机场等地区。截至 2019 年 8 月，上海已交付 8800 多个 5G 基站。根据上海市政府《关于加快推进本市 5G 网络建设和应用的实施意见》，2019 年全年上海将建成 1 万个 5G 基站，实现中心城区和郊区重点区域全覆盖。广州建成并开通了 5000 个 5G 基站，按规划 2019 年底将建成 1.46 万个 5G 基站。深圳已完成 3700 多个 5G 基站建设，全年计划建设 1.5 万个 5G 基站。除了北、上、广、深以外，其他 5G 网络建设较领先的地区主要在沿海发达城市及内陆中心城市。浙江已建成交付 5G 基站 4319 个，计划 2020 年建成 5G 基站 3 万个，实现设区市城区 5G 信号全覆盖、重点区域连片优质覆盖。按规划，到 2022 年将建成 5G 基站 8 万个，实现县城及重点乡镇以上 5G 信号覆盖，到 2025 年实现所有 5G 应用区域全覆盖。湖北已建成 5G 基站 4993 个，武汉军运会前建设完成约 8000 个 5G 基站。重庆已规划 5000 个 5G 基站，计划 2019 年全市建成 5G 基站 1 万个。

5.5 牌照发放

自 2018 年初，各大运营商就开始各自的 5G 组网试验，有关 5G 建设进度的新闻不断进入人们的视野，5G 俨然已经成为社会当下最热门的话

题。随着各个城市的 5G 试验不断推进，各运营商不断发布其 5G 网络测试结果，全国上下都信心满满地准备踏入 5G 时代。相对于 4G，我们能切身感受到的就是 5G 的高速率和低时延。在中国联通和中国移动的测试中，有些地区的下载速率峰值已经达到 2.8Gbit/s，速率较低的地方也能稳定在 800Mbit/s。工信部原计划于 2019 年下半年向运营商发放 5G 牌照，但由于外国正在加紧 5G 商用、各大运营商对 5G 的前期部署已经远远早于原定计划完成并测试成功，因此决定提前发放 5G 牌照。

2019 年 6 月 6 日，在全国上下的期待之中，工信部正式向中国移动、中国联通、中国电信及中国广电颁发了 5G 商用牌照，如图 5-6 所示，这标志着我国迈入了 5G 商用元年。随着移动通信进入 5G 时代，各大运营商也开始逐步加快 5G 网络的部署建设，力求 2020 年前在各个主要城市完成连续覆盖，其他地级市完成热点覆盖。

（来源：工信部网站）

图 5-6　工信部发放 5G 牌照

5G 的正式商用无疑为市场注入了一针强心剂，从四家运营商、设备制造商、5G 终端厂商到消费者都欢呼雀跃。

对于通信行业的从业者来说，我国于 2019 年发放 5G 牌照并不突然。早在 2019 年 1 月 10 日，工信部部长苗圩就表示，我国将加快推动 5G 商用的脚步，工信部将在若干城市向运营商颁发临时商用牌照，从而推荐在一些城市的热点地区率先完成大规模组网。

对于运营商来说，5G 正式投入商用之后，运营商就可以开始根据规划加速进行 5G 建设，更重要的是可以开始回笼前期投入的大量资金。同时，这也是运营商们再次洗牌的机会。中国移动占据了资金用户量的优势和更大的频谱资源，但是中国联通和中国电信所分到的频谱又更加贴合试验频谱，通信市场的平静必然会在三大运营商的互相攻伐中被打破，消费者会在市场的重新洗牌中得到优惠。

对于 5G 的设备制造商来说，我国 5G 牌照的发放无疑打开了一个巨大的市场，除了销售 5G 设备可以带来巨大的收入，后期的维修维护工作也为这些厂商提供了额外的利润。华为 5G 产品线总裁杨超斌曾对新浪的记者表示，目前华为已经为来自欧洲、中东、亚太及非洲地区的总计 41 个国家提供了 5G 商业服务，其中唯独没有我国。此外，中兴通讯也为除我国之外的 25 个国家及地区提供了 5G 设备。虽然我国部分采购了诺基亚和爱立信的 5G 设备，但是仅中国移动一家运营商就表示在 2020 年以前至少要完成 5 万个基站的部署，这个市场空缺必然要靠多家供应商来满足。由于华为和中兴掌握了大量的 5G 必要专利，新市场的开放对其收取专利费是一个极大的利好消息，我国的设备制造商可以开始回收其在 5G

技术开发环节的投入并赚取利润，设备商进入了“赚大钱”的时期。在芯片方面，英特尔退出了5G基带的竞争，高通的SA、NSA双模组芯片X55还遥不可及，目前市场上最好的产品就是华为巴龙5000。5G商用牌照的及早颁发也为科技领先的企业带来了巨大的先发优势和盈利空间。

对于终端厂商来说，5G牌照的落地无疑是一针兴奋剂。据统计，2017年我国的移动通信设备出货量正在缓慢下降，虽然2018年出货量达到了4亿台，但是市场反馈明显疲软，手机厂商的利润展望明显下跌。5G技术的出台激发了巨大的市场潜力，可以预见“换机热”马上要席卷我国市场，各个手机厂商开始大批量地推出满足不同市场的5G终端，截至2019年6月底，我国市场上已有多达13种5G手机供消费者选择。各大手机厂商期望通过未来推出更多不同价位的5G手机，重新把通信行业的存量市场转变为增量市场。

对于消费者来说，5G牌照颁发之后，大家有望体验到更好、更便捷同时也更廉价的高速网络连接。1GB的流量售价在2G时代高达1万元人民币，在3G时代降到了500元左右。4G普及之后，流量的售价更是大幅降低，运营商推出了从1GB约30元的售价至200元无限制使用等不同的套餐。依此规律，随着5G大面积普及，入网用户增多，又一次提速降费距离消费者将不再遥远。在5G牌照颁发的初期，消费者或许还不能明显体会到5G的好处。受限于目前5G产品技术不成熟，市面上销售的5G手机大多是4G手机的旗舰机型整合了5G通信模块，尤其是高通的X50基带会带来手机能耗过高、大量发热等缺点。同时，5G手机动辄几千元的售价也让大部分消费者望而却步。手机厂商的从业者却乐观地表示，

2020年市场上一定会推出物美价廉的千元机型，5G在消费者手中普及指日可待。

对于5G相关产业来说，更早发放牌照意味着这些企业能更早地部署5G设施，及时开展5G相关应用的研发、试产、试运营以及产品升级完善等工作。这意味着这些企业的产品要更加成熟，有更强的市场竞争力，可以先人一步抢占市场，为企业创造高额的效益。此外，提早开展5G应用的相关探索还可以为企业提供试错空间，让相关企业可以大胆地尝试研发更多5G的相关应用。尤其是在目前5G的十大应用场景下，VR、AR、MR以及超高清视频相关企业可以更早开始积累在5G场景下制作分发内容的经验，车联网等企业可以逐步完善芯片系统等软硬件与汽车的整合，智能制造等行业可以先期探索5G智能工厂的建设。此外，智能能源的电池控制系统、无线医疗的远程协助、无线家庭娱乐的互联功能、网联无人机的编队飞行、社交网络的泛在化、个人AI设备探索应用、智慧城市的基础设施建设连接等应用案例也会逐步迸发。鉴于5G产业是未来经济增长的重要“引擎”，5G牌照的发放相当于为经济的发展注入了活力。

5.6 应用拓展

从全球视角来看，目前5G无论是在技术、标准、产业生态，还是网络部署等方面，都取得了阶段性的成果，5G落地的最后一环——应用场景正逐渐成为业界关注的焦点。5G已经融入我们的生活之中，在此介绍几项代表性应用场景，如图5-7所示，具体场景将在后面详细阐述。

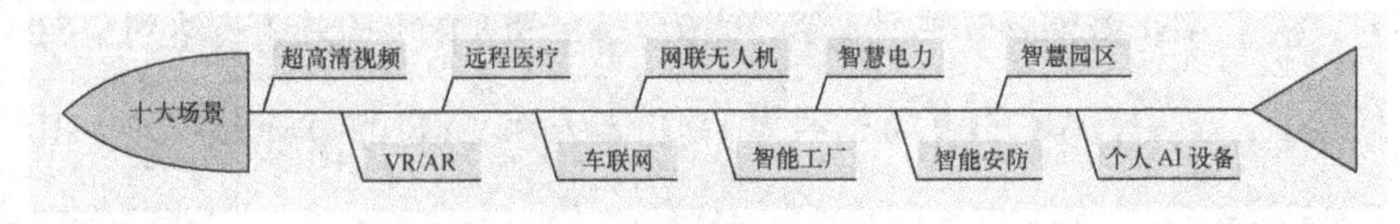

图 5-7　5G 应用十大场景

5.6.1　超高清视频

基于 5G 网络的超高清视频有众多应用场景，如大型赛事直播、大型演出直播、重要事件直播等。2018 年，第 23 届冬奥会在韩国平昌举行。各大转播机构采用了最新的 8K 和 VR 技术，精彩呈现美轮美奂的雪景，如实记录各路健儿的激烈角逐。大量比赛采用了高清 VR 直播，以及沉浸式和交互式 360° 画面。采用 5G 网络传输各种户外超高清体育赛事将给观众带来身临其境的现场参与感。2020 年东京奥运会和 2022 年北京冬奥会都宣布将采用 8K 直播。国家广播电视总局曾表示，要加快推动我国超高清视频产业发展。从数字电视到高清、全高清、超高清 4K，再到今天的 8K，显示像素越来越密，画面也就越来越清晰。超高清显示效果不光需要一块超高清屏幕，还需要超高清内容支撑。由于超高清显示包含更大的数据量，需要更快的信息传输速度，因此对现有硬件设施提出了一定的挑战。但 5G 的到来恰恰可以进一步解决传输问题，带动整个采集、制作、播放内容的升级，让超高清电视真正走进百姓家中。

5.6.2　VR/AR

借助云端数据系统，VR/AR 设备成本可以大大降低，5G 的应用更是显著提升了服务器的访问速度，生活将更加便捷与优惠。

根据 ABI Research 估计，到 2025 年 AR 和 VR 市场总额将达到 2920 亿美元。其中，AR 的市场总额为 1510 亿美元，VR 的市场总额为 1410 亿美元。

（1）游戏领域

VR/AR 游戏一直是视频类游戏发展的重要方向，包括索尼、暴雪在内的众多游戏公司已经发布了相关主题游戏。极强的虚拟现实体验让众多玩家有了身临其境的感受，相信 VR/AR 技术定会颠覆现有的游戏版图。

（2）零售领域

阿里巴巴一直致力于打造的新零售场景，VR 购物便是其重要的一环。相比只能提供静态照片的传统网络购物，VR 可以提供类似实体展示厅的购物体验，从而大大提升购物舒适度。面对全球电子商务的海量规模，VR 购物必将引发全新的生活方式变革。

5.6.3 远程医疗

在人口加速老龄化的今天，先进的医疗方式将是老龄化社会的重要保障，5G 的出现让远程医疗成为可能。

通过 5G 连接到 AI 医疗辅助系统，医疗行业有机会开展个性化的医疗咨询服务。AI 医疗系统可以嵌入医院呼叫中心、家庭医疗咨询助理设备、本地医生诊所，甚至缺乏现场医务人员的移动诊所。它们可以跟踪监测病历、推荐药物、合理指导用药等任务。

中国移动、华为协助海南总医院，通过操控接入 5G 网络的远程机械臂，成功完成了对身处北京的患者的远程人体手术。这是全国首例 5G 网

络下实施的远程手术。

5.6.4　车联网

车联网是指通过电子通信实现在信息网络平台上对所有车辆的有效控制，并根据不同的功能需求对所有车辆进行有效的监管和提供综合服务的一种方式。

（1）远程车控

远程对汽车实现控制已经成为可能，可以远程调控车内空调、音响、天窗、门锁、车窗等硬件设施，全程仅需手机便可以一站式搞定，从而极大地提升了行车的舒适度与便捷性。

（2）智能语音

在行车过程中，接电话是一种危险的驾驶行为。现在借助智能语音，无须任何按键，仅通过说话便可以完成接打电话过程，同时还可以进行语音导航、查询天气、播放音乐与广播等行为，使驾驶员可以专心关注路况信息，不必因为其他操作而分心。例如，在高速上错过了出口，在不认识路的情况下，司机用语音指令控制导航系统重新规划路线，这是较安全的做法。

5.6.5　网联无人机

5G 的出现丰富了无人机在民事领域的应用。例如，在送餐领域，相比传统送餐方式而言，无人机送餐似乎能够克服地面交通的局限，节约时间和人力成本，使送餐过程更迅速、便捷；在农业灌溉领域，有了 5G 技术的支持，无人机可以用更快的速度在空中检查农作物，发现农作物虫害疾病时可以直接从高空喷洒药剂，极大地节约了农民的时间，提高了运作效率；在拍摄领域，无人机可以将相机送上天空，将普通事物以最独特的视角展现出来，从不同的角度为人们的旅行、婚庆、典礼记录下最美好的时刻。5G 技术极大地提升了网络的速度与容量，可以容纳更多用户在同一时间登录网络。未来，大家在网上实时共享无人机拍摄的全景视频内容将更加便捷。

5G 的到来对军事领域的改变同样巨大。无人机滞空时间长，可以对目标进行探测、监视和识别。部分机身装有光电 / 红外侦察系统和合成孔径雷达，可昼间晴好天气侦察监视，也可夜间侦察监视，还可阴雨天侦察监视。在受到 5G 技术的支持后，无人机的航程更远、定位更准。同时，可组建“5G 移动自组网”用于无人机通信，让每架无人机之间实现实时分享各自的状态、位置等信息，在某一架无人机出现故障时也不会影响整个网络的安全性。由于传统的无线组网技术在系统响应时间、传输距离、安全性、系统带宽上具有一定的局限性，限制了无人机在安全性要求高、系统延迟要求小、需要传输多媒体信息的场景上的应用。而“5G 移动自组网”克服了这些问题，在无人机协同搜索、协同巡线、组网打击等应用场景下体现了极具前景的实用价值。

5.6.6 智能工厂

智能工厂是指利用工业互联网络，通过 5G 通信满足工厂信息采集以及大规模机器间通信的需求。

在工业互联网领域，5G 网络的连接可以满足工厂内信息采集以及大规模机器间通信的需求，并且可以实现远程问题定位以及跨工厂、跨地域远程遥控和设备维护。

三一重工智能化立体仓库由华中科大与三一重工联合研制，分南北两个库，由地下自动输送设备连成一个整体，充分利用信息化技术，从生产计划下达、物料配送、生产节拍、完工确认、标准作业指导、质量管理、条码采集等多个维度进行管控，并通过网络实时将现场信息准确地传达到生产管理者与决策者。可以说，这是智能化生产的一个缩影。

5.6.7　智慧电力

智慧电力是指运营商利用智能分析来快速解决电路异常问题，从而实现更快速电网控制的方式。

在发达市场和新兴市场，许多能源管理公司都开始部署分布式馈线自动化系统。通过为能源供应商提供智能分布式馈线系统所需的专用网络切片，移动运营商能够与能源供应商优势互补。这使他们能够进行智能分析并实时响应异常信息，从而实现更快速准确的电网控制。新能源发电的智能接入可以有效调整与监控发电效率，并且高度节约了人力资源，实现科学化、系统化、高效率的电力调度。

5.6.8　智能安防

在众多充满期待的应用场景中，以视频监控图像应用为核心的智能安防将成为 5G 应用爆发的重要场景。

近两年随着大数据、AI等前沿技术的成熟，安防作为人工智能的重要应用领域，逐步突破了传统安防的“天花板”，迎来了行业发展的又一次飞跃。通过深度学习、大数据研判分析，智能安防系统不仅摆脱了以往对人力的过度依赖，而且通过AI技术的支持，实现了事中迅速响应甚至事前预警，推动了安全防范由被动向主动、由粗放向精细的方向转变。

可以肯定的是，伴随着5G的到来，视频监控系统将从前端设备、后端处理中心以及显示设备等各个领域得到革新。同时，5G带来的无线特性将进一步拓展智能安防在更多领域的应用。

5.6.9 智慧园区

智慧园区会以5G、大数据、人工智能为技术基础，通过集成的数字化运营平台对园区的人、车、企业、资产设施进行全连接，实现数据全融合、状态全可视，使园区更安全、高效，如图5-8所示。

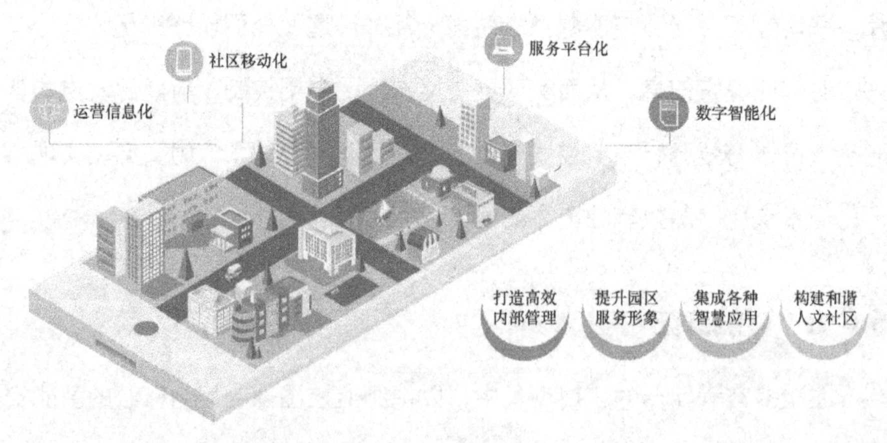

图5-8 5G智慧园区

智慧园区包含智慧建筑、智慧办公、智慧物业、智慧安防、智慧消防、智慧节能、智慧服务、智慧政务、智慧招商、智慧路灯、智慧井盖等智能软硬件和基础设施。正是这些智能设施的系统结合，让每个灯泡都可以变成园区的“神经元”，既可以接收信号，又能给系统反馈执行情况，可以在“云端”轻松看到整个园区神经网络的各个角落。

设想未来，无人驾驶的汽车在园区内有序穿梭并可自动泊停维护，机器人管家 24 小时服务于每栋楼宇，在园区内任何地点都可发起远程视频会议；佩戴上 VR 设备，远在千里外的参会人员犹如近在眼前，还有更多智慧模块如智慧办公、智慧安防、智慧停车等让人遐想。

5.6.10　个人 AI 设备

目前，越来越多人开始使用人工智能的服务。虚拟个人助理不再是简单地提问和回答，人工智能助手将越来越多地被作为会话平台与决策过程支持助手的关键点。AI 功能将在两个方面支持虚拟助理：一是作为一种资源，AI 使虚拟助理能够更快、更有效地响应客户的查询或行动；二是成为回答基本查询的首要对话界面。

5G 技术支持的云计算还能让高级的办公人工智能变成现实。现在的人工智能助手，如 Siri，受到运算能力限制，一次只能处理一件事。但到了 5G 时代，云端的计算传输能力能让 AI 助理能力得到空前升级，甚至可以多线程处理各项工作。5G 时代的办公场景应该是轻快、顺畅、自由的，有更多人能够参与到创造性工作当中，而不是被事务性工作和讨厌的通勤所困扰。

如今的世界早已不是一个闭门造车的世界。一个城市，一个国家，乃至全世界的未来，都寄托在更多人、更专业、更细分的协作中。即将到来的 5G 时代将为人类的大规模协作创造无限的可能，让人类的工作效率和生活品质逐渐达到极致。

第 6 章

我国 5G 产业发展的总体态势

6.1　5G 产业链剖析

5G 产业链条长、价值高、覆盖面广，对于各国引领科技创新、实现产业升级、推动经济高质量发展具有重要的意义。我国必须牢牢把握 5G 技术发展的机会，在前几代技术积累的基础上逐步登上 5G 产业价值链的顶端。具体地说，就是前期通过政策、资金支持和运营商层面的发力，先带动 5G 相关设备的高额研发投入和制造，进而延伸到上游材料、模块、芯片等方面的国产化替代，掌握核心技术。在此基础上，鼓励下游应用领域不断探索，孕育出以 5G 技术为基础的各种新兴行业的百花齐放。通过产业间的关联效应与传导效应，放大 5G 技术对经济社会发展的贡献，即间接带动国民经济各行业、各领域的发展，从而创造更多的经济增加值。

6.1.1　5G 产业链全景图概述

5G 产业链的核心是 5G 通信产业链，围绕 5G 通信产业链向外围辐射，通过融合创新形成诸多 5G 应用以及围绕 5G 应用的延伸产业链。我们梳理的 5G 产业链全景图如图 6-1 所示。

从纵向维度看，5G 产业链主要分为硬件和应用两大类。硬件产业链方面包括通信网络设施相关的产品和设备，以及面向个人消费者和面向行业的终端设备、元器件等。应用产业链方面，一方面是与 5G 融合的云计算、大数据、AI 等新一代信息技术产业，另一方面是 5G 与垂直行业融合创新的新业态和新模式，包括面向消费者的超高清视频、个人 AI 设备、网联无人机等，以及面向行业的智慧园区、智能制造、智慧电力、车联网等。

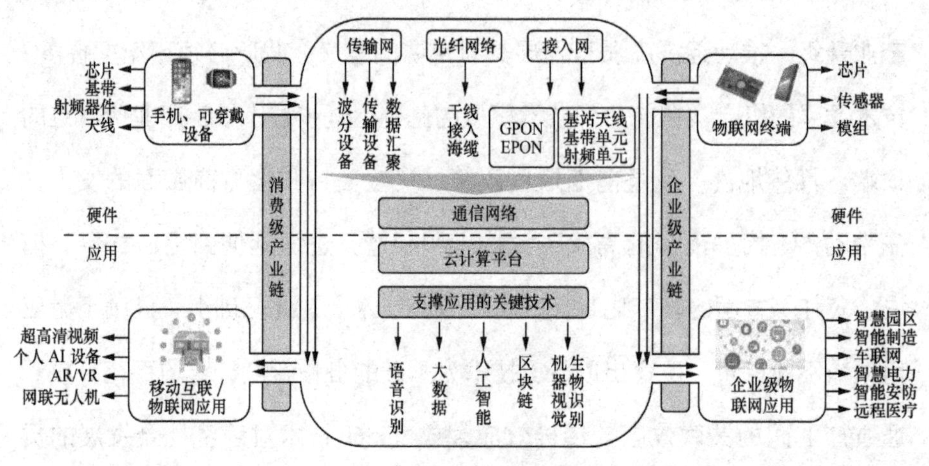

图 6-1 5G 产业链全景图

从横向维度看，5G 通信网是整个 5G 全景产业链的核心和枢纽。通过 5G 网络基础设施的建设以及与 AI、大数据、区块链等新一代信息技术的融合创新，进而向个人消费者以及相关垂直行业提供通用的新一代 ICT 融合技术。对于消费级 5G 产业链，消费者对新型 5G 终端的需求将进一步拉动和升级原有智能终端产业链，芯片、基带、射频器件、天线等产业链关键环节都将迎来巨大的发展机遇，而消费者利用 5G 通信网和 5G 智能终端将会在超高清视频、个人 AI 设备、网联无人机等应用方面创造更大的市场空间。对于企业级 5G 产业链，地方政府或者企业将会充分挖掘 5G 在 eMBB、uRLLC 以及 mMTC 三大场景的价值和应用空间。一方面，随着 5G 标准的日趋完善和 5G 网络的覆盖完善，原有的物联网终端将在未来 5 年迎来升级换代，芯片、传感器、通信模组等物联网产业链上下游

主要环节都将受益。另一方面，随着eMBB、uRLLC以及mMTC三大场景的应用成熟，5G将会更有效地助力企业级价值链的不断延伸，如智慧园区、智能制造、智慧电力、车联网等企业级的应用将会在5G的助力下实现自我价值的充分释放。

6.1.2　5G产业链各主要环节梳理

我们按照5G网络建设的时序对5G产业链进行梳理，主要包括三个时期，分别是规划期、建设期和应用期，如图6-2所示。

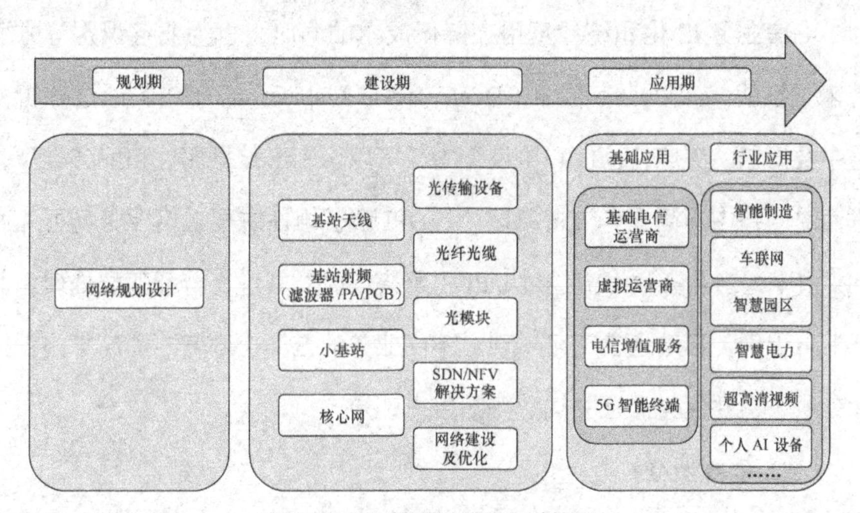

图6-2　5G产业链各主要环节梳理

规划期涉及的5G产业链环节主要是网络规划设计；建设期是5G产业链通信领域核心环节集聚的一个时期，主要涉及无线设备、传输设备等环节；应用期主要包括基础电信运营商、虚拟运营商、电信增值服务、终端设备，以及凭借超高可靠性和超低时延的卓越性能推动超高清视频、自动驾驶、智慧城市等产业的发展，涉及更多的是5G外围的产业链各环节。

网络规划设计

网络规划设计主要是对网络建设进行统一筹备和规划，包括基于覆盖和容量规划的基站选址、无线参数规划等，并通过模拟仿真对规划设计的效果进行验证。5G 网络规划需要拥有 3D 场景建模、高精度射线追踪模型、网络覆盖和速率仿真建模、网络容量和用户体验建模等关键能力。规划方法涉及的关键能力包括业务识别、体验评估、GAP 分析、规划仿真等。

（1）**业务识别**

电信业务 IP 化和统计复用在降低成本的同时，也为业务识别等方面带来了挑战。深度业务感知（Deep Packet Inspection，DPI）通过分析网络中数据包的深度特征值和协议行为，可以识别出数据属性和业务类型，进而对网络中不同业务流进行区分。DPI 解析组件主要包括业务特征库和 DPI 引擎，当业务数据流经过 DPI 引擎模块时对其进行特征匹配处理。基于业务识别，移动运营商可实现对不同业务的差异化调度，提高每比特的业务收入，并优先保证关键业务的用户感知。

（2）**体验评估**

用户行为模式的变化令 QoE（用户体验质量）取代网络性能指标成为网络优化的目标。QoE 即用户实际感受到的服务网络和业务的 QoS（服务质量），和业务接入成功率、接入时延、下载完整率等因素相关。欧洲电信标准化协会（ETSI）将 QoS 分为与业务无关的网络可用性、网络接入性，以及与业务相关的业务完整性、接入性、保持性、不同业务的 QoS 参数。其中，业务的接入又分为网络接入（Network Access）、IP 服务接

入（IP Service Access）、互联网接入（Internet Access）三个阶段，不同阶段对业务质量产生不同的影响。

（3）差异分析

对制定的目标和实际取得的结果进行比较，分析两者间是否存在差距。

（4）规划仿真

基于前几步得到的参数和网络规划软件，利用蒙特卡洛（MonteCarlo）、智能遗传搜索、射线追踪等算法输出仿真结果。规划仿真中影响准确性的重要因素是传播模型，目前比较准确的模型是射线追踪模型。射线追踪技术能准确地考虑到电磁波的各种传播途径，包括直射、反射、绕射、透射等，考虑到影响电波传播的各种因素，以及将所有物体作为潜在的发射物并计算发射源像的位置，从而针对不同的具体场景做准确的预测。

根据《华为 5G 无线网络规划解决方案白皮书》，5G 无线网络面临的挑战主要来自以下几个方面。

（1）新频谱

高频网络较小的覆盖范围对站址和工参规划的精度提出了更高的要求。采用高精度的 3D 场景建模和高精度的射线追踪模型是提高规划准确性的技术方向，但这些技术会带来规划仿真效率、工程成本等方面的挑战。高频信号在移动条件下易受到环境因素的影响，对无线传播路径上的建筑物材质、植被、雨衰、氧衰等更敏感，如何减小外界环境因素的影响是 5G 规划的一大难题。而且，不同频段存在不同的使用规则和约束。

（2）新空口

传统的网络规划方法难以满足大规模天线下的网络覆盖、速率和容量规划，需要加强大规模天线的 3D 精准建模，以及网络覆盖和速率的仿真建模。

（3）新业务和新场景

大量新业务的引入使 5G 应用场景远远超出了传统移动通信网络的范围，而不同的业务和场景对 5G 的要求不同。

（4）新架构

网络规划方法需基于网络切片技术。为了确保网络切片可以与其他 5G 技术协同工作，将需要实现网络切片与其他技术的互操作性工作。但是，单个切片和多个切片的叠加、网络切片技术与 SDN 和 NFV 的结合等情形解决方案有待商榷。

基于以上挑战，5G 网络规划需要拥有 3D 场景建模、高精度射线追踪模型、网络覆盖和速率仿真建模、网络容量和用户体验建模等关键能力。参考 4G 阶段领域内企业的规划设计业务收入规模进行估计，市场在 5G 阶段将有 20%～30% 的增长，市场规模在 150 亿元左右。

基站天线及射频器件

无线射频由许多个射频器件组成，这些射频器件主要负责将电磁波信号与射频信号进行转换。基站天线是基站设备与终端用户之间的信息能量转换器，需求主要来自运营商和设备商，受天线需求量和技术结构升级的影响，预计天线的量价将会齐升。

5G 产业链投资跨度长，主要包括无线侧、传输网、核心网等环节。

参考 2017 年 4G 投资，无线侧（包括基站设备和天线部分）总投资占 4G 网络总投资的 60%，而技术的更新使天线和射频器件在无线侧的投资规模增大，以及价值占比持续提升。与 4G 基站数量相比，预期 5G 宏基站数量将达到 4G 基站数量的约 1.5 倍。加上 5G 技术难度升级，预期 5G 单基站价格相比 4G 基站有所提升，5G 基站将呈现“价量齐升”的发展态势。

5G 时代，有源天线的市占率将稳步提升。在 4G 时代，4G 宏基站主要分三个部分，即天线、远程射频单元（Remote Radio Unit，RRU）和部署在机房内的基带处理单元（BBU）。在 5G 时代，5G 网络倾向于采用 AAU + CU + DU 的全新无线接入网构架。天线和 RRU 将合二为一，成为全新的有源天线单元（Active Antenna Unit，AAU）。AAU 除了含有 RRU 射频功能之外，还将包含部分物理层的处理功能。由于 5G 的频谱提升和频段增多，对容量和覆盖的需求提高，基站天线技术升级使 5G 基站天线有源化、小型化和一体化成为未来的发展趋势。

相对于 4G，5G 基站天线的优势包括两个方面。

（1）简化安装，主要是将 RRU 和天线整合，提升部署效率。

（2）随着 5G 基站天线广泛应用大规模天线技术，有源天线的全球应用将进一步提升。根据 ABI 数据，2016 年有源天线的市占率为 5.1%，2021 年将提升至 10.1%。值得一提的是，过往通信运营商或主设备商均以“捆包模式”采购基站天线，因此限制个别基站天线生产商的竞争优势。但是，目前电信运营商已采用“拆包模式”来采购基站天线。运营商直接采购模式有助于天线厂商深化与设备商的合作，以及提升天线厂商的盈利。例如，通宇通讯通过中兴通讯的5G天线认证，有望与设备商更深入合作。

小基站

基站是公用移动通信无线电的台站。在5G时代，“宏基站为主，小基站为辅”的组网方式是未来网络覆盖提升的主要途径。这主要是因为5G时代将会采用3.5GHz及以上的频段，在室外场景下覆盖范围减小，加上采用宏基站布设成本较高，因此需要建设成本较低的小基站配合组网。根据3GPP制定的规则，无线基站可按照功能划分为四大类，分别为宏基站、微基站、皮基站和飞基站。

宏基站和小基站的主要区别包括以下几个方面。

（1）在设备划分方面，移动通信基站主要分为一体化基站和分布式基站。一体化基站分为BBU、RRU和天馈系统三部分。而分布式基站是指小型RRU，需要连接BBU才能正常使用。

（2）在体积划分方面，小基站设备统一在一个柜子加天线即可实现部署，体积较小；宏基站需要单独的机房和铁塔，设备、电源柜、传输柜和空调等分开部署，体积较大。

（3）在应用场景方面，目前小基站成为宏基站的有效补充，主要是小基站信号发射覆盖半径较小，适合小范围精确覆盖，而且部署较容易（高移动性和高速的无线接入）、灵活（不容易受障碍物的遮挡，提升信号覆盖效率，提升宏基站信号的有效延伸）、可根据不同的应用场景（购物中心、地铁、机场、隧道内等）做出相应的小基站设备和网络建设模

式，以提升信号需求。

小基站主要专注热点区域的容量吸收和弱覆盖区的信号增强，信号覆盖范围从十几米到几百米。在3G时代已开始应用，以家庭基站作为3G网络室内覆盖和业务分流的重要方案。在2G时代，由于宏基站覆盖范围较广，室内主要采用室分系统，小基站应用场景相对有限。在3G时代，由于仍然以宏基站覆盖为主，加上3G时代迅速过渡至4G时代，所以小基站应用不广泛。在4G时代，业务以移动业务和数据为主，物联网仍然在发展初期阶段，小基站的需求比较有限。但从4G时代过渡到5G时代，如果仅采用宏基站部署网络，会存在三方面的问题：一是巨大的设备连接数密度、毫秒级的端到端时延等技术和服务需求难以满足；二是5G将会使用较高频段甚至毫米波，单基站的覆盖范围明显下降；三是目前80%的数据流量来自室内的热点区，包括办公场地、商场、广场和公交地铁等，如采用传统室内分布系统（如DAS）进行室内覆盖，则成本太高。在5G时代，“宏基站为主，小基站为辅”的组网方式有效解决了4G网络覆盖的问题，如超高流量密度、超高数据连接密度和广覆盖等场景。值得一提的是，2016年全球小型基站设备出货量为170万个，同比增长43%；市场规模达15亿美元，同比增长15%。

取代DAS，小基站在5G时代将成为主要室内覆盖系统。在4G时代前期，运营商在室外场景以宏基站建设为主，在室内场景主要采用传统室分系统（DAS）。在4G时代后期，由于DAS维护难度加大，并且难以支持未来5G时代的新规格：一是难以支持5G时代的3.5GHz及以上的高频或大规模天线的要求；二是宏基站建设成本更高（基站设计和选址难度增加）；三是由于传统DAS采用无源器件，无法获得5G时代的实时设备数据。因此，小基站在4G时代后期已开始代替DAS在室内应用，并在5G时代成为网络建设中的重要设备（主要是施工简单和成本大幅降低），因而获得了更广泛的应用。

基站滤波器

4G时代的滤波器以金属腔体滤波器为主，优势在于工艺成熟、价格低，但由于金属整体切割导致体积较大。5G时代，大规模天线技术所使用的天线数量大幅增加，每个天线都需要配备相应的双工器，并由相应的滤波器进行信号频率的选择与处理，滤波器的需求量将大量增加，这就对滤波器的器件尺寸与发热性能提出了更高的要求。腔体滤波器由于其体积大、发热多，难以在高密集型天线中广泛使用，面临较大的发展压力。介质滤波器表面覆盖着切向电场为零的金属层，电磁波被限制在介质内，形成驻波震荡，其几何尺寸约为波导波长的一半，谐振发生在介质材料内部而非腔体，可以有效减少滤波器的体积。介质滤波器材料一般采用介电常数为60～80的陶瓷，实际应用于无线通信中的介质陶瓷滤波器尺寸在厘米级。5G时代使用的无线电频率将继续呈现高频化趋势，更加高效的毫米波将逐步开始使用，基站天线尺寸也将降至毫米级，逐步实现微型基站，因此使用的滤波器也将逐步缩小尺寸至毫米级。介质滤波器拥有体积小的优势，符合毫米波发展要求，有望在5G市场中占得先机。

综上所述，陶瓷介质滤波器更适合5G时代主流滤波器方案。由于介

质滤波器工艺尚不完全成熟，只有少数企业能够提供经过主设备厂商认证的介质滤波器，小型腔体滤波器在短期内仍然会占据一定的市场，与介质滤波器共存。但从长期来看，介质滤波器由于具有体积小、介电数高、损耗小的特点，或将取代腔体滤波器成为主流。

基站 PCB

电路板（Printed Circuit Board，PCB）主要由绝缘基材与导体构成，在电子设备中起到支撑、互联的作用，是结合电子、机械、化工材料等绝大多数电子设备产品必需的原件。简而言之，PCB 就是每个电子产品的命脉。

5G 时代，大规模天线技术的应用为基站结构带来了显著的变化，天线 + RRU + BBU 变成 AAU + BBU（CU/DU）的架构。在 AAU 中，天线振子与微型收发单元阵列直接连接在一块 PCB 上，集成数字信号处理模块（DSP）、数模（DAC）/ 模数（ADC）转换器、放大器（PA）、低噪音放大器（LNA）及滤波器等器件，担任 RRU 的功能。

天线的集成度要求显著变高，AAU 需要在更小的尺寸内集成更多的组件，需要采用更多层的 PCB 技术。因此，单个基站的 PCB 用量将会显著增加，其工艺和原材料需要进行全面升级，技术壁垒全面提升。5G 基站的发射功率较 4G 大幅提高，要求 PCB 所用基材也需全面升级，以符合高频、高速、散热功能好等特性。例如，介电常数、介质耗损小而稳定，与铜箔的热膨胀系数尽量一致，而耐热性、抗化学性、冲击强度、剥离强度更好。PCB 的加工难度也会显著提升，高频、高速的物理和化学性质与普通 PCB 不尽相同，导致加工过程不同。同一块 PCB 上需要实现多种功能，将不同材料进行混压。因此，PCB 的价格也将进一步提升。

BBU 尺寸和数量变化不大，但由于传输速率提升，传输时延缩小，BBU 对射频信息处理能力的要求提高，这大大提升了对高速 PCB 的需求。BBU 的核心配置是一块背板和两块单板（主控板和基带板）。背板主要实现连接单板并传输信号的功能，具有超大尺寸、超高厚度、超大重量、高稳定性等特点，加工难度极大，是基站中单位价值量最高的一块 PCB。单板负责射频信号的处理和连接 RRU，主要使用高速多层 PCB。随着 5G 时代高速数据交换场景增加，背板和单板对于高速材料的层数和用量将进一步提升。背板及单板的层数将由 18～20 层提高到 20～30 层，使用的覆铜板需要由传统的 FR4 升级为性能更优的高速材料，因此每平方米价格将有所提升。

5G 核心网

5G 核心网主要采用的是服务化架构（Service Based Architecture，SBA），是基于“云”上的通信服务架构，将核心网模块化、软件化，以更简便的方式应对 5G 的三大应用场景，包括 eMBB、mMTC 及 uRLLC。

模块化的重要性在于可以将核心网的各个层面“切片”，分拆成不同的模块，灵活组队以满足相应的场景需求。这种颠覆传统的网络架构、重新设计和集中式软件化管理网络硬件的方式就是 5G 的关键技术——软件定义网络（Software Defined Network，SDN）。软件化则是采用了网络

功能虚拟化技术（Network Function Virtualization，NFV），将网络节点的功能软件化管理。

SDN 和 NFV 是解决传统网络问题的下一代核心技术。尤其是 5G 网络投入商用之后，操作平台将从 4G 的 V4 平台逐步过渡到虚拟化平台。未来，5G 核心网就无须再使用昂贵的专属硬件设备，只要采用一般通用的 X86 服务器、IP 路由器和以太网交换机组成，核心网成本大幅降低。

SDN/NFV

SDN 和 NFV 将是 5G 核心网的关键技术用于解决传统网络设计架构中的局限，达到更高效管理和节约成本的效果。SDN 更偏向硬件分离管理，NFV 偏向部分传统硬件功能的软件化。

具体来看，SDN 的设计理念是将网络的控制平面和数据转发平面进行分离，将网络管理权限交由控制层的控制器负责，从而通过控制器中的软件平台实现对底层硬件的控制和编程，令资源灵活调配。SDN 的重要组成部分来自两个方面，即控制面（Control Layer）和数据转发面（Data Layer）。在 SDN 网络中，网络设备仅负责单纯的数据转发，控制面则通过独立的网络操作系统负责对不同的业务特性进行适配，而且网络操作系统和业务特性以及硬件设备之间的通信都可以通过编程实现。这样集中管理的方式能大幅提升网络资源的分配效率。SDN 的核心技术主要集中在三个方面：一是数据转发和控制分离；二是控制逻辑集中；三是网络能力开放。控制逻辑集中主要是在数据转发和控制分离之后，推动控制面向集中化管理发展。在网络能力开放方面，主要是开放了灵活的北向接口供上层业务按需进行网络配置并调用网络资源。网络能力开放可以令网络可编程，使网络功能向服务化发展。

NFV 则是通过使用 X86 服务器和虚拟化技术对传统网络硬件进行软件化处理，以替换各个节点上昂贵的通信硬件，这是将各个节点上实体设备软件化的一个过程。NFV 将网络功能从专用设备迁移到通用 X86 服务器上运行的虚拟机中，能加速网络服务的部署效率和降低购置硬件费用。

传输设备

5G 时代迎来了运营商 ICT 转型和融合，全球设备厂商数量从 2G 时代的 14～15 家下降至 3G 时代的 6～7 家，目前只剩下华为、爱立信、诺基亚和中兴 4 家主流设备厂商。4 家设备厂商中以华为的产业链布局最广，不仅涉及 5G，还包含 AI、云、软件、芯片开发以及物联网，其他 3 家在全产业链布局上稍逊。

光纤光缆

光纤产业链主要包括光纤预制棒、光纤、光缆三个环节，光纤预制棒拉丝制成光纤，光纤加上保护套制成光缆。其中，光纤预制棒是以锗矿石和多晶硅为原料，加入氢气、氦气等制成的高纯度石英玻璃棒，在产业链中利润占比高达 70%，是光纤制造的核心。

在光纤预制棒方面，数据显示 2017 年全球光纤光缆光棒产量约为 1.6 万吨；全球产量占比中 85% 的市场由中国、美国、日本占据，三者产量占全球市场的比重分别为 49.44%、19.81%、16.76%。

在光缆供求方面，2018 年 CRU 数据显示，全球安装的光缆需求总量达到了 5.42 亿芯公里，中国占比 58%，达到了 3.14 亿芯公里。此外，2018 年 1—12 月全国光缆产量为 3.17 亿芯公里，累计下降 3.5%，中国光纤光缆市场牵制了全球增长。中国市场在保持了四年的两位数增长后，2018 年光缆需求增长率同比有所下降。CRU 认为，造成这种现象的主要原因在于 2018 年全球最大光缆客户中国移动的 2018 年上半年集采量低于招标时拟采购量，而下半年未进行招标，其年度集采量的不足是造成 2018 年中国市场需求低迷的主要原因。在国外市场方面，越洋项目启动，短期全球海缆需求仍将增长；伴随光纤到户网络建设工作的推进，法国光缆需求增长了 33%，法国成为继中国、美国、印度之后的第四大市场；印度政府资助的 Bharat Net 项目持续推进，光缆需求创历史新高。相比国内光缆市场供给略大于需求的状态，海外市场给予了国内光纤光缆企业新的发展机遇。

光纤光缆行业的下游客户主要是三大运营商、政府及部分互联网企业。其中，三大运营商的光纤光缆需求量占国内总需求的 80% 左右。运营商的网络建设对光纤光缆行业产生了重大影响。2019 年 4 月，中国移动公布了 2019 年普通光缆产品集中采购的招标结果，烽火、通鼎、中天、亨通等 13 家厂商入围，分享中国移动 1.05 亿芯公里光缆订单。在产能扩大的背景下，集采价格下降约 40%。4G 网络建设进入尾声，5G 网络的建设规模则处在初始起步阶段。根据 Forrester 的估计，到 2025 年，企业客户和消费者才能看到 50% 的全球覆盖率。我们认为，由于 5G 做深度覆盖较困难，初期只能重点覆盖，5G 的覆盖速度将远远慢于 3G、4G，覆盖可能需要 6～10 年。

未来的光纤需求量分成基础行业周期与5G时代预期两个部分。中国工程院院士邬贺铨指出，5G时代所需基站数量将是4G时代的4~5倍，带宽是4G时代的10倍，而5G基站的密集组网需要应用大量的光纤光缆，对光网络提出了更大的需求和更高的标准。CRU的数据显示，预计至2021年全球及中国光缆需求量将分别达到6.17亿芯公里和3.55亿芯公里，并且中国5G全面商用计划的启动将有助于拉动光纤光缆的需求。但在目前光纤光缆市场供略大于求的状况下，短期5G建设对光纤光缆的需求影响并不大。不管是中国还是全球未来的光缆需求，同比增长均为个位数，预计市场供求情况将继续维持至少两年的时间。国内市场在光缆价格方面同样面临一定的挑战。虽然海外市场拥有一定的发展机遇，但鉴于国内光纤光缆生产企业的价格优势不明显，海外市场的拓展仍有难度。总体而言，具有棒纤一体化能力的公司将更易于在行业中生存。

光模块

随着5G网络的推进，AR、VR、超高清视频、数据通信、物联网等应用也快速发展，对网络带宽提出了更高的要求。网络提速扩容有三种主要方式，分别是新建光缆线路、采用波分复用（WDM）技术增加光信号路数及提高光信号速率。随着激光器技术的成熟及成本逐渐下降，采用更高速率激光器变得可行。另外，在一定传输距离上增加激光器的成本低于增加光纤光缆的成本，波分复用下沉至城域网成为更具性价比的扩容方式。这些均将带来对光模块的新增需求，包括新增光纤光缆的额外需求和

现有线路上低速光模块升级为更高速率的需求。预计未来 5 年，光模块市场将会迎来快速增长期。

6.2　5G 产业链各环节成熟度分析

当前，基于产业界各方持续推进，我国 5G 技术和产品日趋成熟，芯片、系统、终端、网络部署、商用试点及应用拓展等产业链主要环节已基本达到商用要求，研发创新水平不断升级，产业成熟度不断提升。上游各项技术逐渐成熟，但芯片、模组等仍处于逐步缩小差距的阶段；中游移动通信运营环节的投入及建设能力逐步提升，尤其是 5G 基站建设方面具备一定的优势；下游主要是终端及应用场景创新应用，目前我国在智能手机、5G 创新应用示范（医疗、高清视频、VR/AR）等方面都取得了积极的成果。

6.2.1　5G 产业链上游

5G 产业链上游的细分领域主要包括芯片、射频器件、光模块、设备研制等，它们既是 5G 规模组网建设的基础，也是 5G 产业发展最先投资的部分。

芯片

我国芯片市场的潜力巨大，结构日趋优化。根据世界半导体贸易协会（WSTS）的相关统计数据，2018 年我国和美洲国家半导体市场规模的全球占比分别为 33% 和 22%，成为全球半导体市场的两大主力，如图 6-3

所示。与此同时，中国半导体协会数据显示，2018 年我国集成电路市场规模达到 6532 亿元，同比增长速率超过 20%。其中，设计、制造和封装测试占比分别为 38%、28% 和 34%。芯片设计领域份额稳步优化，芯片制造技术创新能力进一步提升。长期以来，我国芯片产业主要依靠国外进口，成为我国产业的发展瓶颈。伴随我国 5G 产业链上下游的推动，芯片产业各环节的技术创新能力将逐步提升。

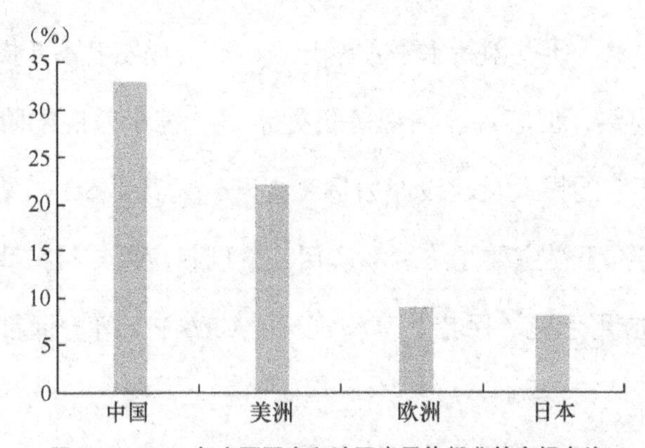

图 6-3　2018 年主要国家和地区半导体行业的市场占比

当前，高通、联发科、华为海思、三星、英特尔、展讯等都是全球具有竞争力的企业，均在 2018—2020 年陆续推出基带芯片。高通凭借自身研发创新能力的传统优势，近年来保持占据全球市场份额 40%～50% 的绝对优势，龙头企业的市场集中度明显。我国涌现出华为海思半导体等一批优秀企业，处于创新能力提升的阶段。

射频器件

射频器件主要包括滤波器、功率放大器（PA）、射频开关等。5G 时代，射频器件的市场需求将远超 4G。根据 Technavio 的研究结果，2020

年射频滤波器的市场规模将达到 130 亿美元，年复合增长率达到 15%，占据射频器件中的主导地位，如图 6-4 所示。随着 5G 对射频器件的需求升级和国家政策支持，我国射频器件市场将保持稳步发展的态势，预计 2024 年将超过 600 亿元。

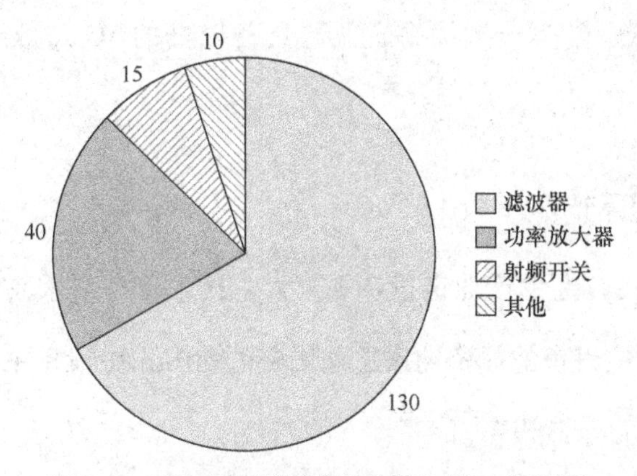

图 6-4　2020 年射频器件细分市场（单位：亿美元）

目前，我国的 5G 射频器件处于开拓创新、缩小差距的阶段。滤波器、功率放大器、射频开关及射频前端模组等市场被 Skywork、Qorvo、Avago、Murata 等传统知名企业占据，行业集中度高。我国射频器件产业的政策环境持续优化，以滤波器、功率放大器等为代表的产业链不断进行技术创新升级，逐步缩小了技术、专利、制造工艺方面的差距。近年来，我国射频器件厂商已经开始崛起，陆续涌现出一批以大富科技、紫光展锐、信维通信、麦捷科技、好达电子为代表的优秀企业。2018 年，大富科技首次成为全球前三大通信设备商、美国最大通信设备商的滤波器供应商，以及华为、爱立信、康普的结构件供应商，开创了滤波器产业链的国内外竞争新格局。

光模块

5G光模块行业集中度高，Finisa、博通等传统知名企业的竞争优势明显，我国企业处于积极扩展市场、持续缩小与海外的差距的阶段。当前，我国光模块市场的占有率稳步提升，预计2020年将超过120亿美元，光迅科技、中际旭创等一批优秀企业已具备较好的5G及数通光模块生产能力。

设备研制环节

主设备是5G通信产业链投资规模大、技术壁垒要求高的关键组成部分。通常，对主设备的投资约占总体投资的50%，主设备主要包括无线、传输、核心网及承载设备。

（1）基站及传输设备

基站是5G基础设施建设的重要组成部分。根据相关统计，2022年我国5G基站数量将达百万个，市场规模达到千亿元级别。2019年是我国5G商用元年，三大运营商均积极部署5G基础设施建设，预计未来7~8年的投资额将达到1.2万亿元人民币。当前全球5G设备商主要包括爱立信、华为、诺基亚、三星等，竞争格局趋于稳定。我国传输设备市场中的主要企业包括华为、中兴、诺基亚、烽火等，相比4G时代有了突破性的进展，具备领先优势。2019年4月，Strategy Analytics发布《领先5GRAN供应商的能力比较和2023年5G全球市场预测》报告，对目前国际知名的三大设备商进行综合评估，评估指标包括设备标准、性能指标、产品组合完整性、交付能力及研发资本投入等，华为的评估结果优于爱立

信和诺基亚，排名第一，设备能力全面领先。目前，在全球 56 个开始布局 5G 网络建设的国家中，选择与华为合作的国家达到了 25 个，领先竞争对手爱立信和诺基亚。与此同时，我国 5G 标准必要专利数量也在国际上占优，厂商创新能力稳步提升。根据德国 Iplytics 统计数据，截至 2019 年 4 月，全球共有 11 家通信设备厂商持有 5G 标准，我国有 4 家企业上榜，分别是华为、中兴、大唐电信和 OPPO，占比超过 30%，其中华为更是凭借 1554 个专利项目位列全球第一。

（2）天线

基站天线投资比例不高，但对基站通信系统中网络指标的影响巨大。5G 时代的基站数量达到 4G 的 1.5～2 倍，基站数量增长为基站天线带来了巨大的市场空间。根据测算，5G 时代全球基站天线的市场规模可达到 7000 亿元人民币。射频天线市场集中度比较高，华为、凯瑟琳、康普等传统天线厂商占据了全球市场超过 50% 的份额。同时，随着京信通信、通宇通讯、摩比发展、东山精密工、盛路通信等国有企业的市场扩展，我国天线企业在全球市场的份额占比达到了 50% 左右，产业已经基本成熟。以目前 5G 领域的 LCP 天线为例，我国 LCP 模组厂商具备一定的市场规模和竞争力，立讯精密成为全球最大的 LCP 天线模组供应商。

6.2.2　中游：移动通信运营商服务

根据英国研究机构发布的《2019 全球 300 个最有价值的电信品牌榜》中的统计，全球电信运营商前 10 名分别为 AT&T、Verizon、中国移动、德国电信、日本电报电话公司、Xfinity、沃达丰、Orange、中国电信及软银。AT&T、Verizon、中国移动占据前三名位置，品牌价值分别为 870.05 亿美元、711.54 亿美元、556.70 亿美元。

我国 5G 移动通信运营主要实施主体包括中国铁塔、中国电信、中国移动和中国联通。中国铁塔有 192 万座铁塔，规模为全球第一，大约是第二名美国的 13 倍。三大运营商也积极推进 5G 基础设施布局。2019 年，中国移动计划投资约 240 亿元，建设 3 万~5 万个 5G 基站；中国电信计划投资约 90 亿元，约建设 2 万个 5G 基站；中国联通计划投资 60 亿~80 亿元，约建设 2 万个 5G 基站。伴随我国 5G 逐步规模化商用，三大运营商的资本支出逐步增加。根据 IHS Markit 的统计结果，我国运营商拥有全球最大的客户群，以 24%的投资占比位列第二，仅次于美国的 28%，处于国际领先地位。

6.2.3 下游：终端及应用场景

智能手机

智能手机是 5G 落地应用中消费者最关心的热点。IDC 预测，2020 年 5G 智能手机的出货量将超过 1 亿台，2022 年 5G 手机的市场占比将接近三分之一。2019 年初，各大手机厂商陆续推出 5G 手机，其中包括华为 Mate X、OPPO Reno 5G、三星 S10 5G 版本、小米 Mix 3 5G、中兴 Axon 10 Pro 5G 及 LG V50 ThineQ 5G 等。

我国 5G 终端市场的潜力巨大。依据 IDC 的数据， 2018 年全球智能手机市场排名前五的厂商分别是三星、苹果、华为、小米及 OPPO。近年来，我国智能终端厂商纷纷加快战略布局，华为发布自主研发、符合

3GPP 标准的 5G 商用芯片和 5G 商用终端，并在 2019 年第二季度超过苹果成为全球第二大手机厂商。小米、OPPO、vivo 等国内知名品牌也计划或已推出可支持 5G 的手机，成为我国乃至全球的重要主导力量。

高清视频

影视视频是 5G 的杀手级应用之一，在我国高清视频市场的扩展潜力巨大。我国拥有庞大的视频客户群体。《2019 中国网络视听发展研究报告》显示，2018 年我国网络视频（含短视频）用户规模达 7.25 亿人，占网民总数的 87.5%。因此，我国具备良好的超高清视频用户基础。《超高清视频产业发展行动计划（2019—2022 年）》提出，2022 年我国超高清视频产业的总体规模超过 4 万亿元，用户数将达到 2 亿人。基于 5G + 超高清视频的巨大产业红利，具有技术和用户先天优势的中国移动、5G 核心技术企业华为等均积极开展了布局。在试点示范方面，我国涌现出了一批优秀的案例，如中央广播电视总台的我国首次 8K 超高清电视节目的 5G 远程传输、全球第一台 5G + 8K 转播车及我国首个基于 5G + 云 /VR 的智慧赛场项目等。

物联网

物联网是 5G 后期的重点落地场景，主要包括消费级物联网和行业级物联网。华为的《5G 时代十大应用场景白皮书》就针对 VR/AR、车联网、智能制造、智慧能源、无线医疗、无线家庭娱乐、网联无人机、社交网络、个人 AI 设备和智慧城市等场景进行了梳理总结。近年来，5G 智慧家庭实验室、智能 + 5G 互联工厂、5G + 远程医疗等一批“5G + 物联网”

场景不断落地，产业链成熟度不断提升。

5G 时代物联网市场的扩展潜力巨大。根据 IDC 统计，2018 年全球物联网支出规模达 7450 亿美元，中美两国分别为 1820 亿美元和 1940 亿美元，领先优势明显。2023 年，全球物联网蜂窝通信模组的出货量将达到 12.5 亿件，2G 物联网模块被 5G 和非标替代，其中消费类应用、工业互联网、车联网等重点领域将占据半壁江山。近年来，我国物联网投资和应用落地稳步发展，预计到 2022 年我国物联网支出规模将超过 3000 亿美元，占全球市场的四分之一以上。

（1）**工业互联网领域**

根据《全球工业互联网平台创新发展白皮书（2018—2019）摘要版》的相关数据，目前全球工业互联网平台的市场规模呈现高速增长的态势，预计 2023 年将达到 138.2 亿美元，年复合增长率超过 30%。美国、欧洲、亚太是工业互联网的三大核心区。其中，美国、德国的综合实力占优，亚太地区市场的上升空间巨大。

（2）**车联网领域**

根据高德纳的统计数据，2020 年全球高速连接领域占据物联网连接总数的十分之一，车联网作为高速场景中具备技术、产业、政策及市场基础的领域，市场份额占比将得到稳步提升。近年来，得益于国家政策和产业界的推动，我国车联网产业的市场规模逐步扩大。根据联通的相关统计数据，2020 年全球 V2X 市场将突破 6500 亿元规模，我国市场的渗透率超过 20%，市场规模达到 2000 亿元。

（3）智能家居领域

根据《2019 年中国智能家居行业市场前景研究报告》《2018 中国智能家居产业发展白皮书》的相关统计，2018 年我国智能家居市场的规模达到了 65.32 亿美元，位列全球第二，仅次于美国。由此可见，我国市场的上升潜力巨大。

6.3　5G 产业区域集聚协同发展情况

目前，5G 商用部署带来的机会主要集中在通信设备制造行业。

从产业发展规律来看，5G 商用初期会带动网络基础设施的大量建造需求，其中通信设备行业收益最大。在商用中期，终端市场将成为消费主力。结合运营商的商业推动，下游产业链将充满投资价值。商用后期的增长潜力将集中在软件与信息服务业，大众商业应用与专业解决方案的收入将会显著增长。

从地域分布来看，5G 通信产业企业集中分布在北、上、广、深，以及武汉、成都等中西部中心城市周边。其中，广东地区占比最高，达到了超过半数的规模。这是由于珠三角地区是我国电子信息制造业集聚程度最高的地区，产业链完善，制造服务业发达，我国通信设备的制造大多集中于此。而北京、上海、武汉、成都等地集聚了大量的高校和科研院所，电子信息制造业也相对发达。特别是这些城市的政府高度重视 5G 产业的发展，纷纷出台了促进本地 5G 产业发展的行动计划、实施方案等地方性产业促进政策，因此在 5G 网络部署和产业集聚方面也走在全国前列。

从网络建设角度来看，目前5G网络的建设是优先在各地区的城区范围内实现规模连片覆盖。从全国范围来看，在较长时间内将是从各个城市的点沿着高铁、高速公路等逐步扩大到线的发展模式。较大规模的区域连片覆盖将首先在珠三角、长三角、京津冀等区域实现。各大区域协同式5G网络建设可以加速区域网络基础设施建设，在更大范围、更大程度上探索5G的应用价值，充分发挥5G赋能传统产业的作用，催生新产业和新业态。同时，各大区域协同式5G网络建设对全国范围内其他地区的5G发展也将起到示范作用，从而提升我国5G网络的整体领先优势。

6.3.1 重点地区的5G产业协同发展规划

为了抢抓5G产业发展的窗口期，北、上、广、深等中心城市均将5G产业视为新的发展机遇，纷纷发挥优势，竞相布局5G产业。在此背景下，珠三角、长三角、京津冀等重点地区均陆续出台了区域5G协同发展方案。

长三角地区

早在2018年7月，长三角的“三省一市”与中国移动、中国联通、中国电信、中国铁塔就签署了《5G先试先用推动长三角数字经济率先发展战略合作框架协议》，提出区域协同加速5G网络建设，围绕连接、枢纽、计算、感知等5G基础设施建设开展广泛深入的战略合作。到2021年，中国移动、中国联通、中国电信、中国铁塔将在长三角地区累计投入资金超过2000亿元，对标国际最高标准、最好水平，建设以5G为引领的新一代信息基础设施，将把长三角建成全国乃至全球5G网络和应用先

试先用的地区之一，信息基础设施能级比肩全球主要城市群。

江苏省随后发布了《关于加快推进第五代移动通信网络建设发展若干政策措施的通知》，提出要组织各地及相关企业协同开展长三角5G网络布局，实施网络规模部署，持续提升无线宽带网络能级，协同开展基于5G物联的“城市大脑”、智慧园区、智慧交通、工业互联网等创新应用，推进5G应用及产业链协同发展，共同推动长三角地区成为全国5G建设和应用示范区域。

浙江省于2019年7月出台了《浙江省人民政府关于加快推进5G产业发展的实施意见》，提出到2020年要建成3万个5G基站，实现设区市城区5G信号全覆盖、重点区域连片优质覆盖；到2022年要建成8万个5G基站，实现县城及重点乡镇以上5G信号全覆盖。浙江省的目标是5G网络覆盖面和建设水平领先全国；5G产业规模居全国第一方阵；5G在经济社会各领域得到广泛应用和深度融合，达到国际领先水平；构建优良的5G产业生态，成为全国5G网络建设先行区和具有国际重要影响力的5G产业发展集聚区、5G创新应用示范区。到2025年，浙江省将实现所有5G应用区域全覆盖。

珠三角地区

广东省高度重视5G产业发展的推进工作，连续出台了产业激励政策。2019年4月初，广东省召开推进5G产业发展工作座谈会；4月中旬，发布《广东省培育世界级电子信息产业集群行动计划（2019—2022年）（征求意见稿）》，明确提出“在珠三角城市群启动5G网络部署，加快5G商用步伐，将粤港澳大湾区打造成万亿级5G产业集聚区”；5月15日，发布《广东省加快5G产业发展行动计划（2019—2022年）》，提出到2022年底，珠三角要建成5G宽带城市群，粤东、粤西、粤北主要城区实现5G网络连续覆盖，形成世界级5G产业集聚区和5G融合应用区。在5G网络建设方面，按照广深—珠三角—粤东、粤西、粤北城区—农村重点区域的次序逐步推进全省5G网络建设；在5G应用方面，行动计划提出将在智能制造、智慧农业、智慧城市等8大领域开展5G应用试点示范，积极探索“5G+”新产业、新业态。到2019年底，珠三角各市将至少建成一个5G应用示范场景；到2022年底，广东省5G应用示范场景超过100个。为此，广东将在机制政策创新、资源要素保障、财政资金扶植等方面对5G产业发展给予大力支持，力争打造世界级5G产业集聚区，有力促进全省经济高质量发展。

京津冀地区

京津冀是我国继长三角、珠三角之后的第三大城市群，总人口超过1亿人。京津冀协同发展是我国重大国家发展战略之一，核心是京津冀三地作为一个整体协同发展。其目的是以疏解非首都功能为基本出发点，推进产业升级转移；调整区域经济结构和空间结构，推动河北雄安新区和北京城市副中心建设；探索超大城市、特大城市等人口经济密集地区有序疏解功能、有效治理“大城市病”的优化开发模式。实现京津冀协同发展是面向未来打造新型首都经济圈、实现国家发展战略的需要。

早在2016年，北京市、天津市、河北省三地就共同签署了《京津冀

信息化协同发展合作协议》。协议提出，要形成政策互融、标准统一、网络互通、资源共享、管理互动、服务协同的发展格局，共同努力将京津冀打造成区域信息化协同发展的示范区。同时，协议明确三地要加强冬奥信息服务保障协作，共同推进5G网络在北京和张家口赛区先行启动建设。

北京公布的《5G产业发展行动方案》提出，北京将重点突破6GHz以上中高频元器件的规模生产关键技术和工艺，围绕5个重大活动和工程开展典型示范运营。

河北省的《加快5G发展行动计划》提出，河北将加快5G发展，横向注重协同协作，推进京津冀5G产业协同发展，密切与运营商、科研院所、高校、企业沟通，用好举办中国国际数字经济博览会等载体，以开放合作加速资源要素聚集和成果转化。雄安新区重点建设5G研发创新及成果转化核心引领区，石家庄重点建设5G器件研发制造基地，廊坊重点建设新型显示与智能终端制造基地，秦皇岛重点建设应用软件研发基地，实施5G+智能制造、智慧农业等一系列融合应用示范工程，打造“1+3+N”产业体系。

6.3.2　珠三角地区的5G集聚协同发展情况

广东在发展5G产业方面拥有雄厚的产业基础和巨大的优势。2018年，广东软件和信息服务业收入首次突破万亿元，居全国第一；广东电子信息制造业销售产值为3.86万亿元，连续28年居全国首位。在工信部发布的2018年中国电子信息产业综合发展指数中，广东位列各省区市首位。珠三角的电子信息产业主要分布在珠江口东岸，从广州出发，经东莞到深圳。这是一条规模超 3 万亿元的全国最大的电子信息产业带，也是 5G 产业竞争中珠三角以及粤港澳大湾区的最大优势和产业基础。5G 的规模化部署给当地的制造业以及相关的设备商提供了巨大的契机，其中代表企业包括华为、中兴、大疆等。

广州和深圳作为区域双中心城市，在 5G 产业集聚发展的多个方面遥遥领先。广州是全国首批 5G 试点城市之一，5G 基站建设速度在国内领先，2019 年计划建设 1 万多个 5G 基站，打造大湾区信息枢纽，力争 2019 年率先实现 5G 试商用。在产业方面，紫光集团与广州签署了“紫光广州存储系列项目合作框架协议”，将在广州建立紫光集团的第四大基地；大唐网络与广州市政府相关部门就落地 5G 创新产业项目进行了深度交流并达成合作共识，双方将以最快的速度合力推动该项目的落地。另一个中心城市深圳聚集了华为等大批 5G 相关产业的研发、试验及制造企业，5G 研发及制造能力位列全国乃至全球的最前列。2019 年 1 月，华为的“5G 刀片式基站”凭借创新性采用统一模块化设计等技术突破，获得了 2018 年度国家科学技术进步奖一等奖。广东省 5G 中高频器件创新中心在深圳揭牌，将聚焦 5G 产业的薄弱环节及关键核心技术攻关。我国首次 5G 网络 4K 传输测试、中国电信的全国首个 5G 试验站点、全国首次实现端到端 5G 网络专业无人机测试飞行等均在深圳成功实践，深圳正致力于成为全国第一批实现 5G 商用的城市。同时，在佛山、东莞、惠州等地，众多制造业企业围绕 5G 产业链的研发、生产、应用、推广等环节展开行动。

6.3.3　长三角地区的 5G 集聚协同发展情况

江苏省在 5G 产业链的上游和下游集聚了大批相关企业，竞争力相对较强。在上游的网络规划设计、光模块 / 光器件、射频器件、光纤光缆等细分领域具备较强的竞争力，在基站、天线、通信设备等领域初步取得突破，在下游的终端设备、应用服务等领域积极拓展，与主设备提供商及通信服务商积极开展了大量 5G 应用试点示范及应用场景展示建设。在光纤光缆领域，江苏省拥有中天科技、通鼎集团、亨通光电等龙头企业。在光模块领域，苏州旭创、亨通光电是头部企业，中天科技也发布了系列光模块产品。在移动通信射频器件领域，春兴精工、中国电子科技集团公司第五十五所等处于行业领先水平，春兴精工已成为国际主流通信设备商的供应商。基站及天线等 5G 薄弱环节也有所突破。南京熊猫“面向 5G 超密集组网技术的小基站系统”已经通过省级鉴定，亨鑫科技推出了 5G 天线解决方案，中天科技的 5G 移动通信基站天线完成了小批量试制。在产业基地方面，南京紫光展锐、台积电（南京）等龙头企业周边已形成集聚发展态势，中兴通讯南京滨江智能制造基地、重庆哈迪斯徐州 5G 智能终端设备产业链研发生产基地等项目建成投产，5G 产业链将进一步完善。在创新平台方面，南京通信技术研究院、未来网络创新研究院、中科院南京宽带中心等核心创新平台集聚无线谷，致力于新一代通信技术创新。中国移动、中国联通在南京建立了创新中心、实验室、创新服务基地等，全面构建 5G 融合新生态。在科研院校方面，东南大学、南京邮电大学都承担了多个 5G 移动通信领域的国家级科研项目。东南大学在大规模天线技术、密集分布式大规模协作传输技术和 5G 毫米波技术等方面取得了重要突破，并牵头完成了 IEEE 802.11aj（45GHz）国际标准及 Q 波段超高速无线局域网媒体访问控制和物理层规范国家标准。

浙江正全力推进 5G 产业布局。2019 年 5 月 28 日，位于萧山的中国（杭州）5G 创新园建成投入使用。总面积约 10 万平方米的园区瞄准射频前端、光器件等核心产业，共迎来了 32 个重大项目进驻，包括富士康、中科数遥中国、杭州伟高通信等企业，以及中国信息通信研究院 5G（杭州）研究中心、智能网联驾驶测试与评价工信部重点实验室（浙江中心）、未来科技城 5G 开放实验平台等创新平台；覆盖了 5G 上下游产业链，包括规划设计、设备器件、市场应用等。这也是浙江省 5G 产业链项目首次大规模落地，标志着杭州初步形成一个 5G 产业集群。创新园计划在 5~10 年内培育 100 家 5G 产业及细分行业领军企业。为此，创新园还特别设立了总规模达 20 亿元的浙江 5G 产业基金。到 2022 年，浙江将实现县城及重点乡镇以上 5G 信号全覆盖，5G 相关业务收入达 4000 亿元，支持数字经济核心产业业务收入突破 2.5 万亿元。

6.3.4 京津冀地区的 5G 集聚协同发展情况

在 5G 产业协同方面，北京、天津作为直辖市，不仅是人口超千万的特大城市、我国北方的经济中心，还是我国 5G 首批试点城市。河北省面积广大，是传统产业大省和京津发展的腹地，也是疏解北京非首都功能的承接地。雄安更是我国重点发展的新区和北京非首都功能的集中承接地，我国首批 5G 试点城市之一。作为我国科创中心之一，北京由于有许多高校和科研院所，以及与 5G 相关的产业和运营商总部，产、学、研共同发

展，与天津、河北形成了京津冀5G协同发展的局面。

在网络部署方面，北京市网络建设在京津冀地区处于领先地位，计划2019年全市建设基站超过1万个，覆盖城市核心区。目前，北京市围绕重点行业和区域正加快完善中试、试验检测等成果转化服务体系，积极推动首钢自动驾驶示范区、海淀智能网联汽车示范区等应用场景建设。

作为全国首批5G网络覆盖城市，天津计划2019年改造完成近3000个5G站点。到2020年，根据《天津市通信基础设施专项提升计划（2018—2020年）》，天津将建设部署商用5G基站超过1万个。在5G重点项目方面，目前天津已在港口、能源、医疗、自动驾驶、无人机等10多个领域实现了5G示范应用。

截至2019年5月，河北11个地市及雄安新区全部开通5G网络。其中，雄安新区5G网络覆盖市民服务中心、三县县城区域、白洋淀核心景区，并开展相关网络测试，成为全国首个城区5G网络全域覆盖城市。同时，雄安开展了白洋淀景区虚拟VR体验、白洋淀水体无人机检测等5G试验场景。

6.4 重点城市的5G产业发展情况

本节选取运营商首批5G试点城市中的上海、苏州、武汉、成都等进行介绍，其中上海、武汉、成都均被三大运营商选为试点城市，其行政级别为直辖市或省会城市，地理分布自东向西横跨大半个中国；而苏州为首批5G试点城市中唯一的地级市。本节选取的示例城市能够基本反映我国重点城市5G产业的发展概况。

6.4.1 北京的 5G 产业发展情况

北京是我国通信产业最发达的地区之一，拥有许多发展 5G 的优质条件。预计到 2022 年，北京的 5G 网络投资累计超过 300 亿元，将实现首都功能核心区、城市副中心、重要功能区及重要场所的 5G 网络覆盖。

在政策支持方面，北京发布了《北京市 5G 产业发展行动方案》《5G 基础设施专项规划》等支持 5G 产业发展部署的顶层文件；《建筑物通信基站基础设施设计规范》（DB11/T 1607—2018）也于 2019 年 7 月 1 日起执行，对建筑物应满足基站及室内覆盖系统建设所需基础设施（机房、管线、电源、屋面设施等）提出了明确要求。

在产业和创新方面，北京高度重视 5G 技术创新和产业发展，拥有众多高校和科研机构，高级人才和专业人才资源丰富，不乏技术实力雄厚的创新企业，5G 产业链完整丰富。自 2015 年以来，北京市科学技术委员会持续支持优势单位联合开展 5G 关键技术攻关、核心产品研发和创新应用培育等工作，加速 5G 关键技术向超高清视频、车联网和工业互联网等垂直行业渗透融合。北京计划建设 5G 中高频射频器件产业创新中心，搭建 5G 核心器件技术开发、中试验证工艺线、产品分析测试平台，打造 5G 器件研发制造基地，重点突破 6GHz 以上中高频元器件规模生产关键技术和工艺，以经济技术开发区和顺义第三代半导体产业基地为主体，引进培育一批相关企业。未来，北京的发展目标是科研单位和企业在 5G 国际标准中的基本专利拥有量占比达到 5% 以上，市 5G 产业实现收入约 2000 亿元，拉动信息服务业及新业态产业规模超过 1 万

亿元。

在网络建设方面，北京正在加快 5G 网络规模化部署，目前已完成北京世园会、冬奥首钢园区、长安街沿线、北京城市副中心、北京大兴国际机场等区域的 5G 基站建设，冬奥延庆赛区 5G 基站建设已启动。目前，北京已完成或正在进行北京邮电大学及学院路高校区域、金融街核心商务区、中央广播电视总台光华路办公区、稻香湖无人车实验区域、五棵松体育中心、石景山保险产业园以及部分市区的人口密集区等区域的 5G 网络覆盖，并开展利用城市灯杆建设 5G 基站试点工作。

在试点与应用方面，北京率先开展自动驾驶、健康医疗、工业互联网、智慧城市、超高清视频等 5G 典型场景的示范应用。例如，在世园会、城市副中心、冬奥会等区域使用 5G 技术实现远程医疗，提供远程会诊、远程影像、远程超声、远程心电、远程病理、远程手术、远程护理等各类远程医疗服务；在新机场、城市副中心、重大活动现场和重要地点部署 5G + 超高清摄像头，进行监控或直播任务。未来，北京还将进一步加强 5G 示范应用推广，在 5G + 文化娱乐、5G + 视频监控、5G + VR 教学、5G + 智慧园区、5G + 智慧银行等融合应用领域，引领全国 5G 产业创新发展。

6.4.2　上海的 5G 产业发展情况

上海是我国通信产业最发达的地区之一，具有十分明显的发展 5G 通信产业的优势。例如，上海是我国首批“宽带中国”试点城市，以及世界首个实现“千兆”宽带全覆盖的城市，并且计划在 2020 年率先完成“双千兆”宽带城市建设，开展 5G 和 IPv6 的规模化部署。上海市凭借自身得天独厚的发展资源禀赋，外加 5G 相关政策不断助力，其 5G 产业推进前景十分明朗。

在政策支持方面，上海已走在全国 5G 通信产业发展的前列。例如，上海已出台《上海市智能网联汽车产业新工程实施方案》《上海市工业互联网创新发展应用三年行动计划》《关于创新驱动发展巩固提升实体经济能级的若干意见》等政策。

在产业配套方面，上海的 5G 通信产业链尚不完善，上下游的企业数量存在一些差异和缺失，重点 5G 相关企业有上海贝尔、沪光通讯、润迅通信、MOMENTA 等。上海 5G 创新发展联盟成立大会暨 5G 应用与产业创新发展研讨会于 2018 年 10 月成功举办，上海 5G 创新发展联盟正式成立，其致力于打造 5G 生态链和创新的应用模式，进一步提升上海的整体信息化竞争力。

在人才聚集方面，上海依托众多高校及科研院所，如复旦大学、上海交通大学等，与企业密切合作，进行 5G 技术的研究和试验工作。上海工程技术大学成为全国首个 5G 高校，并成立了 5G + 人工智能联合创新实验室。

在试验与应用方面，上海依托世界通信大会分会进行 5G 试验区的建设工作。上海启动了全国首个 5G 示范商务区建设，并开通全国首个 5G + 8K 试验网，虹桥火车站启动全国首个 5G 火车站建设。国家智能网联汽车试点示范区封闭测试区位于上海，整个园区道路均覆盖了北斗和 Wi-Fi 信号，为无人驾驶、自动驾驶和 V2X 网联汽车等各类场景验证提供了有利条件。2018 年，全国首批无人驾驶汽车测试牌照落户上海的上汽集团。此外，上海大众、上海吉利等汽车生产厂商，与车联网、自动驾驶技术企业联合进行相关试点工作。在 5G + 智能网联汽车领域，上海的前期试验工作主要是 5G 基站的架设和 5G 传输网的升级改造，5G 大规模部署后将会更好地助力智能网联汽车应用的发展和扩大。除了 5G + 车联网以外，上海还积极参与 VR/AR、物联网、智慧城市等应用的布局。总之，上海将以 5G 为引领，打造多元化、创新型城市。

6.4.3　武汉的 5G 产业发展情况

武汉是我国光纤和光通信产业的发源地，具有雄厚的产业基础。我国第一根符合国际标准的实用光纤就在武汉邮电科学研究院诞生，我国第一个光纤通信系统工程也是在武汉开通，从而拉开了我国进入光通信时代的巨幕。2018 年，武汉成立湖北 5G 产业联盟，并提出引领 5G 网络建设、实现 2020 年 5G 商用的目标。

在政策支持方面，2016 年，武汉市发改委出台了《武汉市战略性新兴产业发展“十三五”规划》，提出要开展 5G 移动通信技术研究，启动 4G/LTE 网络建设及应用示范工程，完成下一代互联网示范城市网络改造及应用示范；2018 年，武汉市人民政府办公厅出台了《武汉市 5G 基站规划建设实施方案》，指出要编制出台 5G 基站规划，全面开放市政公共资源，全面推进 5G 基站建设，以及规范 5G 基站建设管理。

在产业与建设方面，武汉具有较强的 5G 产业基础和成熟健全的产业链，以武汉光谷为领军企业，涌现了一批通信企业和上市公司。在网络架构层面，烽火通信等正在加快布局下一代接入网技术，助力运营商加速5G时代的宽带接入网络转型，亨通光电、光迅科技、飞思灵微电子等则积极开展5G光模块、光器件、光通信芯片等产品的研发。在基带芯片及基站系统层面，武汉虹信深耕5G基站天线、无线接入网技术及关键器件研发领域。此外，长飞、华工秘技、凡谷电子等企业正在从事5G技术研发。

在人才和平台方面，武汉是华中地区高校最多的城市，凭借武汉大学、华中科技大学、武汉理工大学以及武汉邮电科学研究院等众多高校科研院所资源聚集了大量通信产业相关的专家和人才。武汉整合华中科技大学、武汉光电国家实验室、邮电科学研究院，以及光谷、烽火等企业研究资源，打造政、产、学、研结合发展的人才培育平台，在政策的保障下，由企业联合学术和研究机构进行广泛的5G研究工作。

在试验与应用方面，2018年4月，武汉召开5G基站规划建设工作会，明确5G基站建设目标为3000个宏基站、2.7万个微基站。在基础设施建设领域，武汉加强统筹规划，结合城乡建设规划，合理编制武汉市5G基站建设“一张网”工程，鼓励共建共享，避免重复建设。跨行业的5G试验应用已经开展，湖北移动推出5G + VR展厅，提供视频展示服务；湖北省首个LTE-V/5G车联网基站示范区落户东风汽车公司技术中心园区，用于试验远程驾驶等技术；武汉大学与武汉光谷北斗控股集团有限公司合作建立了全国首个“5G + 北斗”联合创新实验室，借助5G技术可使北斗定位达到厘米级的定位精度。此外，智慧城市、智慧医疗、智慧交通等与5G结合的典型应用场景也逐步在武汉展开试点应用。

6.4.4 成都的5G产业发展情况

成都是我国西南部地区经济发展水平最高的城市，被誉为“西南通信第一城”“中国软件名城”，具有较好的发展5G产业的条件。例如，成都在2016年举办了国际智慧城市建设科技博览会，在2017年入选了国际标准化组织的国际智慧城市标准试点城市。在信息化和城市建设方面，成都处于国内领先地位。2018年，成都市智慧城市建设领导小组成立，由政府牵头推进智慧城市建设。

在政策支持方面，成都较早出台了相关政策。例如，2017年出台了《成都市大数据产业发展规划》，提出积极支持和鼓励5G通信网建设与应用创新，发展基于移动互联网、物联网的大数据产品和服务；2019年出台了《成都市5G产业发展规划纲要》，提出要打造全国重要的5G资源聚集地，建设成中国5G创新名城，5G通信产业规模超千亿元，同时成为全国5G融合应用示范区；《成都市促进5G产业加快发展的若干政策措施》提出将5G基站建设列入各级政府年度重点工作，细化分解到具体单位并抓好落实。

在产业配套方面，成都是我国早期的软件名城，为5G产业提供了诸多便利条件和支撑，5G产业发展比较均衡。目前，成都主要依托高新区、天府新区等多个产业园区支撑，为5G通信产业发展提供较为健全、完善的产业链，5G相关配套重点企业包括振芯科技、成都贝尔等。成都新经济活力区也将5G产业作为主导产业进行规划发展。

在人才和投资方面，成都出台了一系列人才引进计划，“以人定产、以产优城、产城结合”的人才理念得到了良好的实践。此外，成都不乏高校和科研院所，如电子科技大学、中国移动（成都）产业研究院等。同时，成都依托中欧国际金融城吸引了众多国内外投资。

在试验与应用方面，早在 2015 年，中国移动就在电子科技大学开展了 5G 外场试验。此后，中国联通产业互联网有限公司以及四川电信 5G 试验网络也相继落户成都，为发展 5G 产业做出铺垫。成都重点发力 5G + 智慧城市领域。由于成都是第一批提出并实施智慧城市建设的城市之一，其在基础设施、公共与市政服务等方面已经具备成熟的经验和体系。智慧城市所需的各类数据传感器，如交通监控、社区安防监控等，均需要一个高速且互联的承载网络，目前 5G 是其不二选择。中国移动四川公司、中国移动（成都）产业研究院、成都远洋太古里共同推出全国首个 5G 示范城市街区。此街区包含了虚拟现实、远程指导维修故障、超高速网络下载等具体场景。成都还积极探索 5G 在数字娱乐、医疗、智能网联汽车、在线教育、家庭安防等方面的融合应用，如四川移动在兴隆湖和熊猫基地等景区推出的 5G + VR 实景体验馆、市区运行的快速公交系统 5G + BRT 等。

6.4.5 广州的 5G 产业发展情况

广州是粤港澳大湾区、泛珠江三角洲经济区的中心城市以及“一带一路”的枢纽城市，也是通信产业最发达的地区之一。2017 年，全国首个 5G 基站在广州大学城设立。三大运营商计划在广州建设 5G 宏基站 1 万个，其中广州移动计划建设 5000 个、广州电信计划建设 2000 个、广州联通计划建设 3000 个，实现主城区和重要区域 5G 信号的连续覆盖。

在政策支持方面，广州发布了《广州市信息基础建设三年行动方案（2018—2020年）》，明确到2020年底实现4G信号全覆盖、5G大规模商用，实现全光网城市，基本建成网络强市。广州将以系统性、整体性、协同性的政策供给全力补强5G产业短板，加快5G终端、网络、平台、系统集成等领域的研发和产业化，通过鼓励建设标杆项目等方式，引导5G产业上下游开展资源及技术合作，促进5G产业协同发展，推动制造业逐步从网络化、数字化走向智能化，最终迈向全球价值链顶端。

在产业配套方面，广州具备雄厚的5G产业发展实力和完善的5G产业链，拥有京信通信、海格通信、风华芯电、波达通信等一批5G产业核心企业，涵盖基站天线、通信网络设备、通信系统设备电子元件及组件、芯片、通信终端等领域。其中，广州高新区和开发区在5G核心器件、5G网络设备、5G终端设备等领域便拥有将近50家企业，产值突破200亿元。

在人才和资金方面，广州将搭建5G国际化交流平台，引进5G核心龙头企业，同时积极培育本地企业在5G领域的国际合作意识。广州也将在高新区、开发区落地5G产业基金，吸引和支持粤港澳、全国乃至全球5G创新资源要素汇集，打造5G特色产业园，引入社会资本，聚集5G人才及企业。

在试点与应用方面，三大运营商在广州知识城、生物岛、腾飞园、黄埔海关、海格集团完成了5G基站的建设部署，已建成100个5G基站；在大学城、珠江新城、白云机场等公共场所铺设5G试验基站；在广州高新区、开发区、黄埔区推进5G示范区。在越秀西湖花市上，5G猜拳机器人、无人机360° 4K高清远程视角观看天河花市实景等应用层出不穷。广州电信与广东省第二人民医院成功实施全省首例5G＋4K远程手术直播研讨，广东联通与广州中医药大学建立全省首个5G大学，广东工业大学与广东移动成立全国首个“5G＋智慧校园赋能研发中心”以及“5G＋新云融合学习空间”。

6.4.6 苏州的5G产业发展情况

苏州是江苏省地级市、国家高新技术产业基地，也是长三角城市群重要中心城市之一、扬子江城市群的重要组成部分，具有发达的制造产业基础。苏州信息化、数字化指数名列江苏省甚至全国大中型城市前列。2014年，苏州入选“宽带中国”示范城市；2016年，苏州电子信息产业规模达到万亿元级；苏州先后入选中国移动和中国电信5G首批试点城市，在2020年前实现5G的正式商用。2018年，苏州承办第十三届城市发展与规划大会，讨论5G智慧城市规划及特色小镇规划等议题。江苏互联网大会5G高峰论坛也在苏州召开。

在政策支持方面，2018年，苏州市政府出台了《关于深化“互联网＋先选制造业”发展工业互联网的实施意见》，提出重点从5G网络、IPv6、窄带物联网、“企企通”工程等方面加强信息基础设施建设。2019年，苏州市政府工作报告指出，推动“光网”建设，做好5G通信试商用工作，充分体现了苏州对5G产业支持的决心，以及政府层面对发展5G产业的高度重视。

在产业配套方面，苏州形成了基本完整的通信产业链条，通信产业相

关企业覆盖了通信设备制造业等。而且，苏州的工业互联网、智能制造、5G 终端厂商较为充足，与 5G 相关的重点企业有天孚通信、卓能通信、统一通信、立邦通讯等。

在园区和人才方面，苏州拥有 8 个国家级开发区、2 个国家级高新区、1 个国际商务区、6 个出口加工区，以及 4 个省级园区。其中，苏州工业园是全国首个开放创新综合示范园区，是全国工业园的典范。可以说，苏州为发展 5G 提供了大量优质的产业园区资源，相关产业园区积极发展通信产业、5G 融合应用等。苏州已累计建成 98 个省级示范智能车间，5G 逐渐在智能制造中得到应用。苏州工业园区、苏州高新区、昆山市等先进制造业基础较好的区域已开始布局工业互联网产业，为 5G + 工业互联网应用发展提供了有利条件。此外，各相关园区基于 5G 的工厂应用、5G + 智慧园区等也依次启动。苏州正在酝酿人才保障措施，吸引 5G 通信产业相关人才。

在试验与应用方面，苏州通过与中国移动、中国电信的密切合作，率先在全国开展了 5G 试验网建设、外场测试和技术验证工作。例如，中国移动在苏州北站设立了“5G + VR”体验区，将金鸡湖畔摄像头采集的数据通过 5G 网络实时处理成虚拟影像供用户体验。苏州正在进行 5G 承载网升级扩容工作，为大规模部署做好铺垫，逐步进行智慧园区（智能工厂）的试点示范工作，自动工业控制、智慧物流、智慧安防是重点应用场景。此外，苏州将以 5G + 智能工厂试点为抓手，拓展其他 5G 融合应用场景的实现。

第 7 章

我国 5G 与垂直行业的融合应用情况

5G和大数据、人工智能等新一代IT技术结合，催生了多种新应用、新产品和新商业模式，涌现出了VR/AR、超高清视频、车联网、网联无人机等多种新产业，极大地满足了消费领域的多样化、高层次需求。在5G商用中后期，互联网产业中与5G相关的大数据、云计算、人工智能等信息服务收入将显著增长，成为主要收入来源。预计在5G商用后期，融合5G的互联网信息服务等产业规模将在2025年达到约3万亿元，在2030年达到约10万亿元。本章立足于3GPP定义的三大应用场景，并结合当前5G应用的实际情况和未来发展趋势，主要介绍超高清视频、VR/AR、远程医疗、车联网、网联无人机、智能制造、智慧电力、智能安防、智慧园区及个人AI设备十大应用场景。

7.1 5G+超高清视频

5G+超高清视频融合应用场景主要对应3GPP定义的三大场景中的eMBB，可应用于各行各业。

7.1.1 5G+超高清视频融合应用场景

超高清视频的典型特征就是大数据、高速率，对传统的通信器件性能提出了更高的要求。信息视频化、视频超高清化已经成为全球信息产业发展的大趋势。到2022年，超高清的视频点播IP流量将占全球IP视频流量的22%，超高清占视频点播IP流量的百分比将高达35%。视频已经从标清、高清进入4K，即将进入8K时代。按照产业主流标准，4K、8K视频的传输速率为12Mbit/s～40Mbit/s及48Mbit/s～160Mbit/s，具体指标如表 7-1 所示。然而，4K/8K 的超高清视频带宽需求已经超出了现有的 4G 甚至 Wi-Fi 的承载能力。

表 7-1　超高清视频应用场景指标参数

业务应用	网络速率	端到端时延	网络类型
4K 视频	30 Mbit/s ~ 120 Mbit/s（单用户）	/	4G/5G
8K 视频	≥ 1Gbit/s（单用户） >10Gbit/s（单小区）	/	5G
高清视频回传	50 Mbit/s ~ 120 Mbit/s（单用户）	≤ 40ms	5G

5G 网络将对 4K/8K 有良好的承载能力，进而提供响应式和沉浸式的 4K/8K 体验。作为继数字化、高清化媒体之后的新一代革新技术，超高清视频被业界认为将是 5G 网络最早实现商用的核心场景之一。目前，4K/8K 超高清视频与 5G 技术结合的场景不断出现，广泛应用于大型赛事、活动、事件直播（见图 7-1）、视频监控、商业性远程现场实时展示及街景采集等领域，成为市场前景广阔的基础应用。预计到 2021 年，4 亿户家庭有可能购买 5G 移动互联网接入服务。随着网络速率的提升、应用终端的逐步完善，移动互联网和产业互联网也将向超高清视频快速演进。预计 2025 年，在 5G 的带动下，超高清视频的应用规模将达到约 1.75 万亿元。

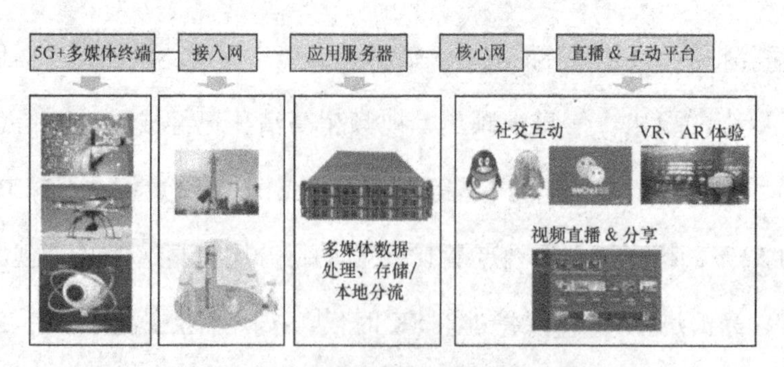

图 7-1　5G + 超高清视频直播场景示意图

7.1.2　5G＋超高清视频融合应用案例

观赏性强的体育运动视频画面是超高清视频的最佳应用场景之一，重大体育赛事及庆祝活动一直都是宣传和推动视频产业发展的良好载体。“科技冬奥”是 2018 年 3 月由科技部牵头启动的重点专题项目。2022 年北京—张家口冬奥会将充分利用 5G 开展重大活动、重要体育赛事直播，北京也据此明确了“5G＋8K”超高清视频发展方向（见图 7-2）。产业界将以此为契机，加快推动 8K 超高清视频的转播 / 直播落地，助推我国 8K 超高清视频产业发展。

图 7-2　北京冬奥会赛事节目 8K 制播试验

2019 年 2 月 4 日，央视春晚主会场与深圳分会场的 5G 4K 超高清直播视频顺利接通并传送，画面流畅、清晰、稳定，标志着中国电信央视春晚 5G 4K 超高清直播工作的圆满完成。中国电信承担 5G 高清直播技术方案的制定、网络建设、5G 应急通信车改造、保障方案等系列工作，是 5G 在超高清视频领域融合应用的典型示范案例。

2019 年 8 月 8 日，中国电信 5G 技术为成都世警会提供通信服务，为全球观众提供 8K 高清直播视频。现场通过 5G 网络，将 5 台 8K 摄像机、1 台 AR 摄像机、多个 4K 摄像机拍摄的赛事传送到全球首台 8K 导播车上，再通过导播车传送到云平台和 iPTV 上，给观众呈现赛事的直播和转播画面（见图 7-3）。

图 7–3　5G + 4K/8K 超高清转播车及世警会直播

7.2　5G + VR/AR

5G + VR/AR 融合应用场景主要对应 3GPP 定义的三大场景中的 eMBB 及 uRLLC。

7.2.1　5G + VR/AR 融合应用场景

VR/AR 是融合近眼显示、感知交互、渲染处理、网络传输和内容制作等新一代信息技术，满足用户在身临其境等方面的体验需求。新形势下高质量 VR/AR 业务对带宽、时延的需求逐渐提升，具体指标如表 7-2

所示。例如，随着大量数据和计算密集型任务转移到云端，未来“Cloud VR +”将成为“VR +”与 5G 融合创新的典型范例，成为 5G 第一个百兆级 eMBB 业务。其中，实时云渲染 VR/AR 需要低于 5ms 的网络时延和 100Mbit/s～9.4 Gbit/s 的大带宽。凭借 5G 高速传输能力，可以解决 VR/AR 渲染能力不足、互动体验不强和终端移动性差等痛点问题，推动媒体行业转型升级。

表 7-2　VR/AR 业务指标要求

	场景	实时速率	时延
VR 业务	典型体验	40Mbit/s	<40ms
	挑战体验	100Mbit/s	<20ms
	极致体验	1000Mbit/s	<2ms
AR 业务	典型体验	20Mbit/s	<100ms
	挑战体验	40Mbit/s	<50ms
	极致体验	200Mbit/s	<5ms

未来，5G + VR/AR 将成为各行业推动交互性和沉浸式模式创新、提升媒体用户体验的重要方式，在文化宣传、社交娱乐、教育科普等大众和行业领域培育 5G 的第一波“杀手级”应用。随着 VR/AR 向深度沉浸、完全沉浸等阶段发展，对云化及无线网络的需求将大幅增加，VR/AR 与 5G 的结合既可以充分发挥 5G 低时延、大连接等技术特性，又可以进一步拓展 VR/AR 的交互性和沉浸式体验。融合 5G 的 VR/AR 产业将进一步充分渗透互动娱乐、智能制造、医疗健康、教育等相关产业，推动其产生全新模式的变革（见图 7-4）。预计到 2025 年，全球 VR/AR 应用的市场规模将达到 3000 亿元，其中我国的市场占比将超过 35%。

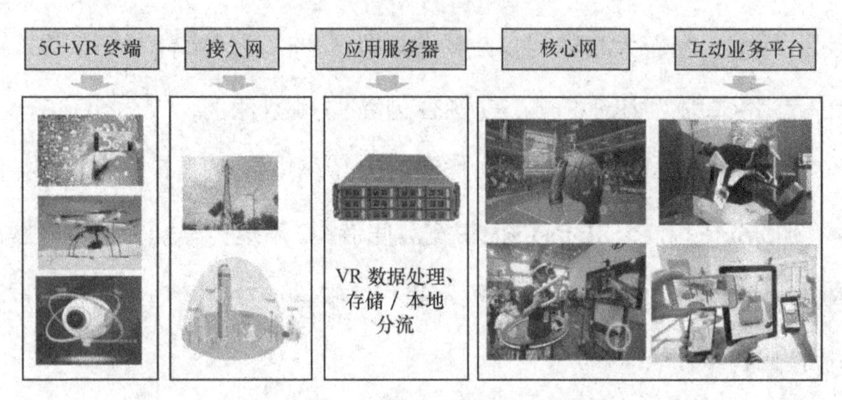

图 7-4　5G + VR/AR 融合应用场景示意图

7.2.2　5G + VR/AR 融合应用案例

大唐移动采用个性化的 AR 教材作为“5G + 教学培训”解决方案的一部分，开拓 5G 校园基础网络建设新模式。通过 VR/AR 及 MEC 等新技术，大唐移动搭建了多人互动的教学平台，并与第三方合作开发了个性化的 AR 教材。AR 教学平台和教材通过提供沉浸式体验教学、远程互动教学、虚拟操作培训等多种业务，为学校打造数字生态系统，为学生提供高效能、个性化的学习场景（见图 7-5）。

图 7-5　AR 沉浸式教学

2019年2月，江西省春节联欢晚会首次采用5G + 8K + VR进行录制播出（见图7-6）。这也是电视史上首次实现5G + 8K + VR春晚。中国联通实现5G信号覆盖，在拍摄现场共设计了4个机位，包含中央固定机位、摇臂机位、空中飞猫机位以及游动机位。现场导播通过VR预览监看系统实时切换设备机位，同时加入虚拟植入与特效制作，通过媒体服务器统一进行发布推流。现场观众可以通过手机、PC以及VR头显等多种方式体验观看，尤其是VR头显用户可以体验沉浸式观看。

图7–6　江西5G + VR春节联欢晚会

在2019年北京教育装备展上，北京威尔文教科技有限责任公司展示了“VR超感教室”（见图7-7）。威尔文教将基于“5G + 云计算 + VR”打造便捷、高效的端到端云计算平台，构建VR智能教学生态系统。

华为在上海发布了全球首款基于云的VR连接服务，华为VR Glass也在2019年12月正式发售。通过智终端、宽管道、云应用的5G典型业务模式，Cloud VR将成为5G元年最重要的eMBB业务之一。

图 7–7　威尔文教 VR 超感教室

7.3　5G + 远程医疗

5G + 远程医疗融合应用场景主要对应 3GPP 定义的三大场景——eMBB、uRLLC 以及 mMTC。

7.3.1　5G + 远程医疗融合应用场景

通过 5G 和物联网技术，可承载医疗设备和移动用户的全连接网络，对无线监护、移动护理和患者实时位置等数据进行采集与监测，并在医院内业务服务器上进行分析处理，提升医护效率。借助 5G、人工智能、云计算技术，医生可以通过基于视频与图像的医疗诊断系统，为患者提供远程实时会诊、应急救援指导等服务（见图 7-8）。例如，基于 AI 和触觉反馈的远程超声，理论上需要 30Mbit/s 的数据速率和 10ms 的最大时延。患者可通过便携式 5G 医疗终端和云端医疗服务器与远程医疗专家进行沟

通，随时随地享受医疗服务。

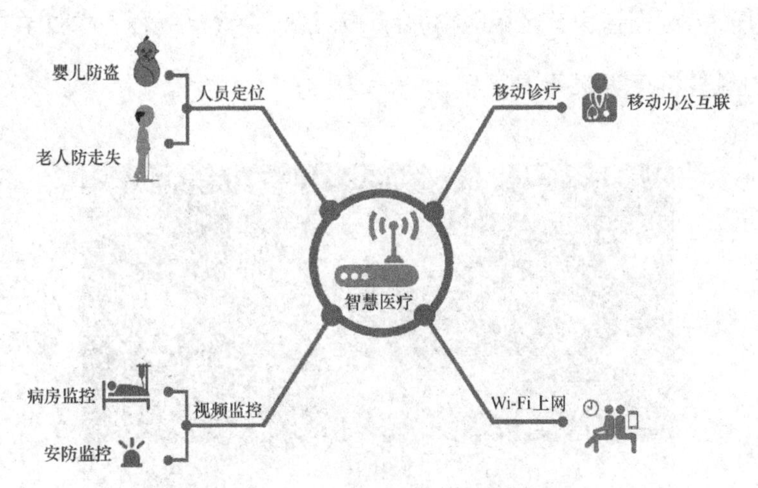

图 7-8　5G + 远程医疗融合应用场景示意图

7.3.2　5G + 远程医疗融合应用案例

中国移动、华为协助海南总医院通过操控接入 5G 网络的远程机械臂，对身处北京的患者成功完成了远程人体手术，这是全国首例通过 5G 网络实施的远程手术（见图 7-9）。

图 7-9　全国首例 5G 远程心脏手术

上海市第一医院正在打造5G智慧医疗联合创新中心（见图7-10），中心将涵盖远程查房、区域医学影像中心远程会诊、远程手术教学、远程操作机械臂诊疗等服务。

图7-10　5G智慧医疗联合创新中心

北京移动携手华为完成了中日友好医院5G室内数字化系统部署（见图7-11），为移动查房、移动护理、移动检测、移动会诊等应用提供了5G网络环境。

图7-11　中日友好医院5G室内数字化系统

在 2018 年 9 月的云栖大会上，中国联通、阿里云、京东方等企业创造性地完成了首个 5G + 远程医疗应用展示（见图 7-12）。主论坛模拟就诊点，现场用 8K 摄像机采集画面，5G 网络将患者眼部细微症状的高清视频画面上传至阿里云的直播中心进行实时处理，经过超低时延的分发传输，结合远程诊疗平台的信息互通，完成专家远程会诊。

图 7-12　5G + 远程医疗应用展示

7.4　5G + 车联网

5G + 车联网融合应用场景主要对应 3GPP 定义的三大场景——eMBB、uRLLC 以及 mMTC。

7.4.1　5G + 车联网融合应用场景

车联网是智慧交通中最具代表性的应用之一，通过 5G 等通信技术实现“人—车—路—云”一体化协同，使其成为低时延、高可靠场景中最典型的应用。未来的汽车工业与 5G 的关系将更加紧密，全能自动驾驶技术，如超高清地图导航、实时交通状况监控、远程驾驶辅助系统、智能自动驾驶系统、车辆生命周期维护等，都需要安全、可靠、低延迟和高带宽的连接，具体指标如表 7-3 所示。这些连接特性在高速公路和密集城市中至关重要，只有 5G 可以同时满足如此严格的要求。例如，在远控驾驶时，车辆由远程控制中心的司机进行控制，5G 可以满足其 RTT 时延小于 10ms 的需求；在 3 辆以上货车编队行驶时，5G 可满足编队网络高可靠、低时延的需求；在自动驾驶场景下，例如常见的紧急刹车情况，V2P、V2I、V2V、V2N 等多路通信可能同时发生，数据采集及处理体量极大，目前只有 5G 网络能够满足其大带宽、低时延和超高连接数、高可靠性和高精度定位等需求。

表 7-3　车联网应用指标要求

车联网应用	车路协同空口时延要求	可靠性	传输速率	定位能力	网络
安全类应用	≤ 3ms	99.9999%		0.1m	LTE–V2X/5G
地图下载	≤ 1000ms		25Mbit/s ~ 1Gbit/s		4G/5G

随着移动通信技术与汽车工业的结合，以及两者分别向 5G 和自动驾驶方面的迈进，汽车生产商如比亚迪、长安汽车、广汽集团、上汽集团等积极布局智能网联汽车的生产，而运营商、设备商（如中国联通、百度、中兴等）则通过与自动驾驶垂直领域合作伙伴（如清华、大唐、福特、一汽等）的联合创新来构建协同化汽车驾驶生态系统（见图 7-13）。预计到 2025 年，我国 5G 网联汽车将达到 1000 万辆，市场规模将达到约 5000 亿元。

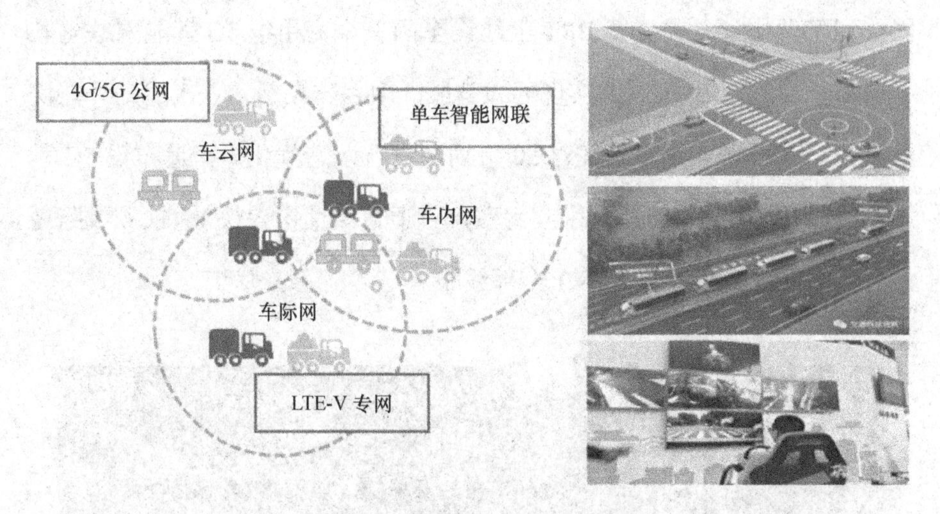

图 7-13　5G + 车联网场景示意图

7.4.2　5G + 车联网融合应用案例

2018 年 12 月，华为和罗德与施瓦茨（R&S）合作，在德国慕尼黑开展 5G V2X 通信，用于移动汽车现场测试中的协同驾驶应用。试验证明每个传输的 IP 数据包的测量精度值低于 2μs，为 5G 应用于远程自动驾驶控制奠定了良好的基础。同时，华为在上海开展了基于“车辆编队”应用的 V2X 测试，实现了多车辆行进中的 V2X 互通。

2018 年 9 月，房山区政府与中国移动在北京高端制造业基地打造了国内首个 5G 自动驾驶示范区（见图 7-14）。基地内建成了我国第一条 5G 自动驾驶车辆开放测试道路，设有 10 个 5G 基站、4 套智能交通控制系统、32 个车路协同信息采集点位、115 个智能感知设备，可提供 5G 智能化汽车试验场环境。

2018 年 6 月，厦门市交通运输局、公交集团与大唐移动通信设备有限公司签署协议，在厦门BRT上建设全国首个商用级5G智能网联驾驶平台，推动厦门BRT最终实现无人驾驶。项目一期覆盖快1线岛外嘉庚体育馆至大学城4个车站，对50余辆车进行改造优化，沿途布设5G基站和网络，搭建5G智能网联应用系统；项目二期覆盖快1、快6线路岛外区域；项目三期将覆盖BRT全部线路。

图7-14 国内首个5G自动驾驶示范区

7.5 5G+网联无人机

5G+网联无人机融合应用场景主要对应3GPP定义的三大场景中的eMBB以及uRLLC。

7.5.1 5G+网联无人机融合应用场景

现有的无人机连接通常通过点对点或基于卫星的控制来提供服务。点对点连接仅适用于短程飞行，远程飞行需要预先设置大量中继站。卫星连接能提供远距离飞行覆盖，但信号延迟高，且容易受天气影响。5G技术允

许非视线信号传输，利用大规模部署后的网络可降低通信成本，基于云平台可以提供端到端服务模型。5G 网络将赋予网联无人机超高清图和视频传输（50Mbit/s~150Mbit/s）、低时延控制（10~20ms）、远程联网协作和自主飞行（100kbit/s，500ms）等重要能力，可以实现对网联无人机设备的监视管理、航线规范、效率提升。

5G 网联无人机将使无人机群协同作业和 7×24 小时不间断工作成为可能，在农药喷洒、森林防火、大气取样、地理测绘、环境监测、电力巡检、交通巡查、物流运输、演艺直播、消费娱乐等各种行业及个人服务领域获得巨大的发展空间（见图 7-15）。成熟的 5G 技术将增强无人机制造、各类传感器、无人机运营企业的产品和服务，同时拓展 5G 电信运营商、云服务商的业务范围。预计到 2025 年，小型无人机软件、硬件、应用和服务等市场规模将达到约 2000 亿元。

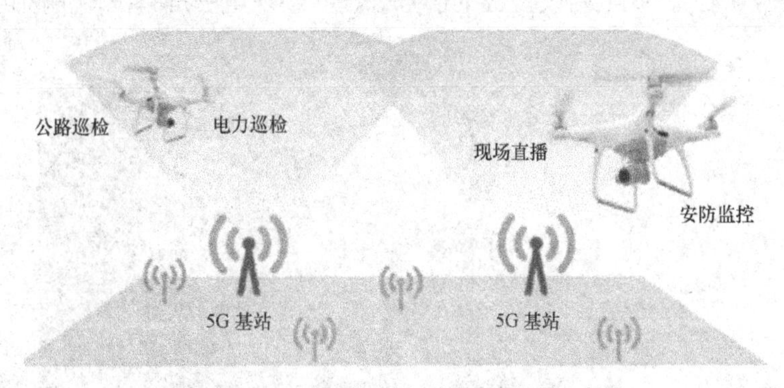

图 7-15　5G + 网联无人机融合应用场景示意图

7.5.2　5G + 网联无人机融合应用案例

在上海虹口北外滩，搭载 5G 通信技术模组的无人机成功实现了一场基于5G网络传输叠加无人机全景4K高清视频的现场直播（见图7-16）。

图7-16 上海5G无人机高清现场直播

南方电网广东东莞供电局变电运行专业在全国率先实现“5G无人机+程序化操作”，由东莞联通提供5G网络信号支持，进行电力线巡检（见图7-17），变电站设备上的信号灯、字迹在电脑屏幕上均清晰可见。

图7-17 5G无人机电力巡检

在杭州余杭未来研创园中，无人机物流已经实现。首先，无人机利用 5G 网络将摄像头识别的画面传输到后台监控平台；然后，由后台监控平台为无人机规划配送路径；最后，无人机依靠 5G 实时视觉识别来确认投放点，完成物流配送（见图 7-18）。

图 7-18　余杭未来研创园 5G 无人机物流

7.6　5G + 智能制造

5G + 智能制造融合应用场景与 3GPP 定义的三大场景——eMBB、uRLLC 以及 mMTC 均有关联。

7.6.1　5G + 智能制造融合应用场景

智能制造是以智能工厂为载体，借助高速、便捷的信息通信网络实现关键制造环节的智能化，实现高效的自组织的柔性制造目标。在智能制造过程中，人工智能平台和工厂生产设施、海量传感器之间的实时通信，人机界面的高效交互，都会对通信网络产生多样化的需求以及极为苛刻的性能要求。对于这些性能要求，现有的工业通信网络大多数难以达到。但是，5G 技术大连接、低时延、高可靠的特性能满足工业环境下设备互联和远程交互的应用需求，可以满足传统制造企业转型智能制造对无线网络的各种需求。具体地说， 在工业互联网、工业自动化控制、物流追踪、工业 AR、云化机器人等工业应用领域，5G 技术都可以起到关键支撑作用。

在工业互联网领域，5G 独立网络切片支持企业实现多用户和多业务的隔离与保护，大连接的特性满足工厂内信息采集以及大规模机器间通信的需求，5G 工厂外通信可以实现远程故障定位，以及跨工厂、跨地域远程遥控和设备维护。在智能制造过程中，高频和多天线技术支持工厂内的精准定位和高宽带通信，毫秒级低时延技术将实现工业机器人之间和工业机器人与机器设备之间前所未有的互动与协调，提供精确、高效的工业控制。在柔性制造模式中，5G 可满足工业机器人的灵活移动性和差异化业务处理的高要求，提供涵盖供应链、生产车间和产品全生命周期的制造服务。在智能工厂建设过程中，5G 可以替代有线工业以太网，节约建设成本（见图 7-19）。

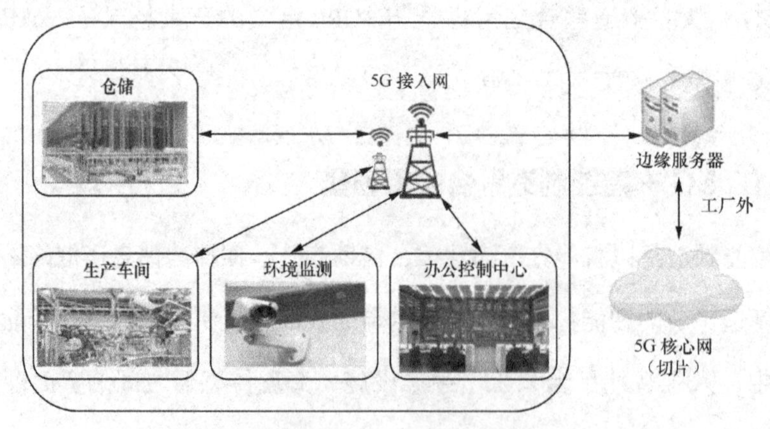

图 7-19　5G 智能工厂融合应用场景示意图

7.6.2　5G + 智能制造融合应用案例

（1）中国商飞 5G 智慧工厂

中国商飞采用 5G + 设计技术，实现多主体参与、高效协作的全机一体化协同设计，全面提升了企业全球研发资源管理能力；采用 5G + 生产制造模式，实现了车间数字化连接，提升了管理效率。2018 年 12 月，ARJ21-700 飞机 103 号机采用 4G/5G 技术，搭载国产 ATG 地空网络通信系统成功进行了万米高空飞行试验。上海商飞数控车间出入口安装了“5G + 人脸识别门禁系统”，对于合规人员可实现无障碍通行。通过“5G + 室内定位系统”，可以把车间内摆放的机器设备、零配件定位误差控制在 3 厘米以内，同时精确显示各种资源存量、位置和状态。

（2）海尔智能 + 5G 互联工厂

海尔、山东移动、华为在 2019 世界工业互联网产业大会上正式发布了全球首个智能 + 5G 互联工厂（见图 7-20）。2019 年 6 月 13 日，山东移动在青岛市西海岸新区中德工业园海尔互联工厂中完成 5G 基站部署，并成功调试 5G 网络下 AR 异地远程作业指导应用场景。

（3）新凤鸣集团 5G 工业互联网应用

新凤鸣集团是我国纺织化纤行业的龙头企业之一。2018 年，新凤鸣涤纶长丝产能达 370 万吨，国内市场占有率接近 10%。目前，新凤鸣集团已基本建成了一个基于 PASS，集实时数据、SAP、MES、WMS、大数据及辅助决策和工业 App 于一体的工业互联网平台（凤平台）。2019 年 4 月 24 日上午，作为嘉兴首个“尝鲜”5G 工业互联网应用的企业，新凤鸣集团与中国移动签约，继续推动传统工厂实现 5G 信息化改造升级，并将5G技术架构设计运用到新工厂建设中。新凤鸣集团基于5G网络的长丝生产车间内，16台基于5G网络传输控制的搬运机器人，以8K超高清的影像同步传输到该公司的生产调度中心，传输速率加快，使机器人的搬运效率可以提高3%以上。

图7-20 海尔智能+5G互联工厂发布仪式

（4）杭汽轮集团5G三维扫描建模检测系统

浙江移动通过与杭汽轮集团合作，建立了5G三维扫描建模检测系统。该系统通过激光扫描技术快速精确生成物体表面三维数据模型，通过5G网络实时高速传输到云端，由云端服务器快速处理比对，确定实体三维模型是否和原始理论模型保持一致，从而使检测时间从2~3天降低到3~5分钟。在实现产品全量检测的基础上，该系统还建立了质量信息数据库，便于后期质量问题分析追溯。

（5）5G航天云网平台接入试验

贵阳市5G实验网综合应用示范项目已完成5G创新实验室对航天云

网的平台接入，通过 5G 网络将海量工业设备信息以超低时延实时上传到云端，实现对整个生产制造过程及设备状态情况的实时监测。

7.7 5G + 智慧电力

5G + 智慧电力融合应用场景对于 3GPP 定义的三大场景——eMBB、uRLLC 以及 mMTC 均有直接应用。

7.7.1 5G + 智慧电力融合应用场景

智慧电力是传统电力生产、传输、配电等环节的智慧化升级，是智慧城市的重要基础，也是智慧城市建设的重要内容。电力系统发电、输电、变电、配电每个环节都与信息传输息息相关。电力设施各环节的各种安全隐患以及各种危险违规作业是造成电力系统安全事故的重要原因。安全事故发生后能否实现迅速准确地应对处理是决定事故大小的重要因素。智慧电力解决方案可实现对分散电力的集中管理，及时发现安全隐患并处理安全事故，从而实现电力系统的智能管理，是电力自动化发展的新趋势和新方向。

5G 技术将在智慧电力的多个环节得到应用。在发电领域，特别是在可再生能源发电领域，智能电网需实现高效的分布式电源接入调控，5G 可满足其实时数据采集和传输、远程调度与协调控制、多系统高速互联等功能。在输变电领域，具有低时延和大带宽特性的定制化的 5G 电力切片可以满足智能电网高可靠性、高安全性的要求，提供输变电环境实时监测与故障定位等智能服务。在配电领域，以5G网络为基础可以支持实现智能分布式配电自动化，实现故障处理过程的全自动进行。在电力通信基础设施建设领域，通信网将不再局限于有线方式。尤其在山地、水域等复杂地貌中，5G网络部署相比有线方式成本更低、部署更快。

7.7.2 5G+智慧电力融合应用案例

（1）南京供电公司5G SA电力切片测试

中国电信江苏公司、国家电网南京供电公司与华为在南京成功完成了全球首个基于真实电网环境的5G SA电力切片测试。试验通过中国电信在鼓楼和溧水部署的5G基站，分别进行了室内和室外的近端、中端、远端及障碍遮挡测试，测得端到端时延合计约35ms，切片的隔离性也得到了充分验证，可以满足电网负荷单元毫秒级精准管理的关键需求，能有效降低在突发情况下因停电所造成的经济、社会影响。

（2）500千伏高压变电站5G测试站

在国家电网河南省电力公司与河南移动的密切配合下，我国首个500千伏级以上高压/特高压变电站5G测试站在郑州官渡变电站建成投入使用（见图7-21），并通过5G网络成功实现了变电站与省电力公司的远程高清视频交互。现场单用户实测速率达到400Mbit/s以上，可有效满足变电站的业务需求。

（3）广东5G智慧电网试点

在广州举行的中国移动全球合作伙伴大会上，广东移动与南方电网、中国信息通信研究院、华为共同启动了面向商用的5G智慧电网试点。目前，

已开展的智慧电网探索包括分布式配网差动保护、应急通信、配网计量、在线监测等方面。

图 7-21　郑州官渡变电站

7.8　5G + 智能安防

5G + 智能安防融合应用场景对于 3GPP 定义的三大场景——eMBB、uRLLC 以及 mMTC 均有直接应用。

7.8.1　5G + 智能安防融合应用场景

智能安防是传统安防的智能化和移动化。随着光电信息技术、视频图像处理技术、大数据和人工智能技术的发展，传统的安防系统正由数字化、网络化逐步走向智能化。在不进行人为干预的情况下，智能系统自动实现对监控画面中的异常情况进行检测、识别，在有异常时能及时做出预 / 报警。完整的智能化安防系统通常包括出入口控制报警系统、防盗报警系统、视频监控报警系统、保安人员巡更报警系统、GPS 车辆报警管理系统、110 报警联网传输系统等。

视频监控是智能安防最重要的一个组成部分，5G 超过 10Gbit/s 的高速传输速率和毫秒级低时延将有效提升现有监控视频的传输速度和反馈处理速度，将使智能安防实现远程实时控制和提前预警，做出更有效的安全防范措施。安防监控范围将进一步扩大，并获取更多维的监控数据。在公交车、警车、救护车、火车等移动的交通工具上的实时监控将成为可能，对森林防火、易燃易爆品等监管人员无法接近的危险环境开展监测的成本将大幅下降。在家庭安防领域，5G 将使单位流量的资费费率进一步下降，推动智能安防设备走入普通家庭。

7.8.2 5G + 智能安防融合应用案例

（1）南昌 5G 智慧安防试点

2019 年 3 月 20 日，南昌市公安局红谷滩分局指挥室依托 5G 网络及 5G + VR 无人机，在 5G + VR 大数据综合管控平台上实时呈现了秋水广场及周边的实景情况，全程无卡顿，监控几乎无死角。结合现场 60 多个探头，可以预警秋水广场及周边的人流、车流情况，从而为现场指挥调度、人员疏堵等提供了精准的数据依据。

（2）北京经济技术开发区 5G 监控试点

北京经济技术开发区凉水河西岸的通信基站塔上安装了 5G 监控摄像头，通过 5G + 超高清摄像头开展安防监控等应用，正式启动了区内首个 5G 监控试点。监控人员借助 5G 通信网络结合 4K 摄像头，可以通过手机

端实时监控凉水河畔的清晰画面。该试点不仅可以用于环境保护工作，还可以实时监控到汛期凉水河水位的实际情况，为凉水河汛期保障工作提供支撑。

（3）5G 智能巡检机器人

沈阳新松机器人公司与辽宁移动共同建立的 5G 创新技术联合创新中心开展了基于 5G 环境下智能巡检机器人设备的测试和验证，调试完成后将被应用在华晨宝马、新松、沈阳机床等工业企业厂区巡检及园区巡逻等领域（见图 7-22）。这将会极大地节约传统安防行业的人力成本，提高巡检效率。

图 7-22　沈阳新松智能巡检机器人

（4）5G 网络环境下的智能视频云监控

江西电信、华为、云眼大视界携手在南昌新建区丽水佳园完成了江西省内首个 5G 网络环境下的智能视频云监控实验点。借助 5G 网络，智慧云眼通过人脸、车牌识别和分析功能，可实现对小区进出人员、车辆的识别，对陌生人员、车辆进行预警；采用人脸比对技术，可在茫茫人海中搜出犯罪嫌疑人，从而进一步全方位保障社区居民的安全。

（5）5G 公交实时监控

广州新穗巴士有限公司在广州国际投资年会上展示了 5G 公交实时监控（见图 7-23）。借助 5G 技术展出的样车实现了全车六路 720P 高清制式视频实时监控，并具备人脸图像采集、实时比对分析、实时自动报警提示的功能。

图 7–23　广州新穗巴士 807A 5G 公交车

7.9　5G + 智慧园区

5G + 智慧园区融合应用场景对于 3GPP 定义的三大场景中的 eMBB 以及 mMTC 均有直接应用。

7.9.1　5G + 智慧园区融合应用场景

智慧园区是全面整合传统的工业园区、产业园区、物流园区、都市工

业园区、科技园区、创意园区等产业集聚区的内外资源，以物联网、大数据等新一代信息技术为手段，以智慧应用为支撑，对民生、环保、公共安全、城市服务、工商业活动等各种需求做出智能响应，从而实现高效、便捷的运营管理服务的智慧化。智慧园区通常集合了智慧高效的园区运营管理、全面智能的基础设施、绿色节能的园区能源管理以及各种智能化应用系统，包含智慧建筑、智慧工厂、智能服务、智能安防、智能环保、智慧路灯、智能停车、无人驾驶、物流追踪、远程管理、人员和资产定位等多方面的应用。

5G 将进一步帮助智慧园区迈入万物互联阶段，推进大数据、人工智能等新技术的深层次应用。利用 5G 高速率、低时延、大连接的特性，将智能工厂、智慧出行、智慧医疗、智慧家居、智慧金融等多种应用场景融入园区中，可以赋能园区管理、经营、服务、安全等环节的智能化，为园区中的人创造更美好的工作和生活环境，为园区产城融合提供新的路径（见图 7-24）。同时，利用 5G 技术能有效改善传统园区长期面临的管理成本偏高、运营效率较低、业务创新困难等问题。

图 7-24　5G + 智慧园区融合应用场景示意图

7.9.2 5G＋智慧园区融合应用案例

（1）首钢5G智慧园区

2018年底，首钢园“中关村人工智能创新应用产业园”正式挂牌。截至2019年8月底，园区已完成6个宏基站建设，并选址建设6个微基站。5G网络的建成，为车联网等应用提供了更好的运行环境。目前，百度、京东、新石器等企业在园区开展了无人接驳、无人快递、无人售卖等八种自动驾驶应用场景的示范运行（见图7-25）。首钢冰球馆二层建设了园区5G全景导览系统，通过5G信号把园区和场馆内的高清全景视频实时集中显示，展现了5G在高清视频传输领域的卓越价值。双方以5G技术为引领，将5G应用到园区内各场馆、工业制造、生活体验等场景中，研发建设智能办公、智能赛场、智能观赛等智能化系统，打造智慧冬奥。

图7-25 首钢园区里的无人驾驶车

（2）华为深圳 5G 体验园区

华为深圳 5G 体验园借助 5G 网络的大带宽，同时播放 16 路 4K 高清视频。在室内，采用 3D-Shaping 技术和 5G CPE 产品，让室内 AI 体验速率达到每秒数百兆比特。园区与多家合作伙伴开展在 VR、AR、智能电网、无人机安全巡检、远程教育、智能驾驶等多场景的创新探索。

（3）北京世园会 5G 应用

北京世园会 5G 新闻中心借助中国电信的 5G 网络支持，通过华为 Mate 20 X 这一款 5G 手机实现了北京首个 5G 高清视频电话。世园会移动通信基础设施建设包括园区内外 12 个大型基站以及 74 个微型基站，对面积超过 20 万平方米的 11 座展馆实现了 5G 信号的全覆盖。园区智慧灯杆共有 74 个，园区外的 13 条道路上还有 112 个智慧灯杆（见图 7-26），充分满足了园区周边重点道路的通信及安防需求。

图 7-26 世园会园区智慧灯杆

（4）海口美安生态科技新城5G智慧园区

2019年7月5日，海口国家高新区美安生态科技新城中国电信5G网络正式开通，标志着“5G＋智慧园区”在海口率先启动。在开通仪式现场，来宾通过5G VR眼镜和5G网络＋8K高清＋多路全景视频实现了对江东美景的实时沉浸式体验。5G机器人“源源”获得来宾的青睐，带来了全新的人机交互式服务体验。

（5）河南5G智慧物流园区

2019年4月7日，传化智联携手中国电信、华为、河南省工业和信息化厅签订战略合作协议，推动河南首个5G智慧物流园区——传化物流小镇5G智慧物流园区建设，预计2020年将投入试运营。

7.10 5G＋个人AI设备

5G＋个人AI设备融合应用场景主要对应于3GPP定义的三大场景中的eMBB以及uRLLC。

7.10.1 5G＋个人AI设备融合应用场景

5G时代将有更多的可穿戴设备加入虚拟AI助理功能，个人AI设备可借助5G高速率、低时延和大连接的优势，充分利用云端人工智能和大数据的力量，实现更快速精准地检索信息、预订机票、购买商品、预约医生等基础功能。另外，对于视障人士等特殊人群，通过佩戴连接5G的AI设备能够大幅提升生活质量。除了消费领域外，个人AI设备将应用在企

业业务中。制造业工人通过个人 AI 设备能够实时收到来自云端的最新语音和流媒体指令，能够有效提高工作效率和改善工作体验。

7.10.2　5G + 个人 AI 设备融合应用案例

（1）导盲头盔

华为 META 通过云端智能控制终端 DATA 实现头盔与云端平台之间的连接，可为视力障碍人群提供人脸识别、物体识别、路径规划及避障等服务。

（2）虚拟键盘

NEC 公司推出利用新型 AR 技术的 ARmKeypad，允许用户借助头戴式眼镜设备和手上佩戴的智能手表来使用虚拟键盘。

（3）智能手表

Apple、华为等主流智能手表厂商纷纷瞄准 5G，积极集成各类 5G 应用如 AR、AI 监护等到新智能手表产品中。

第 8 章

我国 5G 时代面临的问题、挑战以及未来发展趋势

8.1　存在的问题

当前，我国从战略角度出台了众多相关政策以促进行业发展，三大运营商稳步布局 5G 规模组网和 5G 应用示范工程建设。但与此同时，我国 5G 应用发展还存在 5G 建设投入巨大且资金回收周期长、垂直行业的融合应用创新面临诸多挑战等问题。

（1）5G 建设投入巨大且资金回收周期长

相关测算表明，为了达到理想的响应速度，5G 基站数量将至少是 4G 基站的 2 倍，5G 基站成本也将是 4G 基站的 2 倍多，功耗则是 4G 基站的 3 倍。单从基站建设角度测算，5G 投资大约是 4G 投资的 1.5 倍，全国总体投资规模将达到 1.2 万亿元，投资周期超过 8 年。巨大的投资对运营商建设 5G 造成了不小的压力。一方面，我国 4G 网络仍在建设中，至今未收回成本，双网同时建设的压力倍增。另一方面，在 ICT 产业变革的大趋势下，电信运营商主营业务的管道化趋势明显，增收困难。三大运营商的财报显示，2018 年上半年，中国移动净利润为 656 亿元，中国电信净利润为 136 亿元，中国联通净利润为 25.83 亿元。对于运营商来说，5G 建设投入的资金缺口较大。此外，我国 2G、3G 网络仍在使用中，多代移动通信网络制式的存在增加了运营商的运营成本，亟待优化。

（2）5G 在垂直行业的融合应用创新面临挑战

一方面，通信业与其他垂直行业之间缺乏有效的交流沟通平台。前几代移动通信系统主要是满足人们的通信、上网、社交等需求，运营商与其他垂直行业鲜有深入交流，无法准确获知各垂直行业的需求，这将对未来5G能否有效赋能垂直行业提出了考验。另一方面，各垂直行业本身的需求千差万别，难以复制消费互联网时代的成功经验。例如，铁路、电力、应急、公安、交通等行业所需的通信系统性能和解决方案都不一样，难以在一个成功案例的基础上大规模复制和推广。此外，许多垂直行业目前还看不到5G在自身的应用价值，而且5G时代的商业模式也不明朗，这都需要运营商与垂直行业共同探讨和挖掘。

8.2 面临的挑战

当前，我国5G产业政策环境持续优化，各环节技术不断升级，应用场景不断丰富，但在行业深度融合应用、标准体系建设、频谱资源供需、网络安全等层面仍存在一定的挑战。

（1）5G与垂直行业深度融合模式需进一步优化

5G垂直行业关注的热点包括高清8K、VR/AR、远程医疗、远程教育、个人AI设备、无人驾驶、工业互联网、智慧城市等垂直行业领域。当前由于各行业自身技术、产品和内容存在诸多不完善的地方，诸如最终普及的消费终端和工业级终端规模未知、哪个领域会在5G应用中最先获得普及、视频行业制作内容及商业模式不完善、工业级物联网连接中新应用的融合不清晰、行业自身工程实践部署成本较高等，使5G + 物联网应用场景中比较完整的方案还不突出。此外，不同垂直行业对通信基础升级的需求比较碎片化，融合创新及商业模式的具体需求和技术指标尚不完

善，电力控制、安防监控、公共交通、工业升级等不同场景对于 5G 的需求方案差别明显，需要统筹分散化的细节要求和标准，以点及面走“单场景—基础版场景—全行业”的演化道路。

（2）部分行业的 5G 标准参与度和上下游协同能力有待提升

当前，工业互联网、智能家居、智慧电网、智慧交通等领域及企业对 5G 升级的需求相对比较清晰和迫切，但也存在部分行业及企业需求不明确的情形。针对自身领域的 5G 具体应用案例及可操作的解决方案、5G 频谱需求、5G 在自身产品能力及效益提升中的作用等问题没有形成系统化论证研究，需求不明确。在 5G 场景模拟和实验过程中，某些场景存在设定过于简单和理想化的问题，缺乏不同行业产业链上下游环节中的一些细节考量，如制造业设计和制造环节中现有的通信技术等，需要整合电信设备商和运营商、工业设计企业、工业制造企业等上下游环节，形成有效的“5G + ”系统解决方案。

（3）5G 垂直行业合作标准体系不健全

5G 系统的高带宽、低时延、网络切片等技术优势发挥，要以垂直行业产业链成熟度为依据。技术标准成熟和产业成熟是规模化商用的基础前提。当前，我国通信设备商、运营商参与 5G 标准制定工作的力度相对较大，成果比较突出，垂直行业中制造、汽车企业也有加入，树立了很好的典范。但总体相比而言，部分垂直行业参与 5G 标准相关会议、活动和研究工作比较有限，成果较少，话语权不足。5G 首个版本已经冻结，但是由于前期参与度不够，先行 5G 版本不能涵盖所有垂直行业的实际和发展需求，在标准执行过程中可能会出现各种不可预料的问题，对后续 5G 推动本行业高质量发展造成了一定的不利影响。同时，我国“5G+特定行业”标准体系也不够完善，垂直行业与5G融合标准呈现了一定的碎片化现象，各种企业标准、行业标准、组织标准没有实现统一规范的管理和使用，如何让标准更好地为行业服务成为5G垂直行业需要深入思考的问题。

（4）5G产业链仍然存在薄弱环节

当前，我国5G产业链不断成熟，移动通信设备运营、终端及应用方面处于领先梯队，取得了诸多突破性成果，在全球的话语权不断提升，是5G发达国家之一。但就产业链上游环节而言，核心芯片、操作系统和器件方面与国外传统发达国家和企业相比还存在一定的差距，端到端整合能力还需进一步提升。例如，在射频领域，关键半导体材料市场主要被美国、欧洲和日本等占据。其中，美国是全球半导体产业链最完整的国家，在全球前二十大半导体公司排行榜中，美国包揽8家。生产BAW滤波器的传统优势企业包括Avago、Qorvo等，其中Avago占据将近90%的市场份额。射频前端模组Skywork、Qorvo、Avago等公司具备较强的竞争力，占据全球90%以上的市场份额。在操作系统领域，当前终端系统主要以苹果的iOS、谷歌的安卓为主。

（5）5G连续频谱资源的供需面临一定挑战

现阶段，我国频谱资源是异常稀缺的，高、低频段优质资源的剩余量十分有限。在4G之前，我国就分配完了低频段中的优质频率。而高频段频谱资源的频率高，开发技术难度大，服务成本高，目前能用且用得起的高频段资源较少。目前在6GHz以下很难有3×200MHz可用频段，必须启用毫米波段。5G时代，移动数据流量将呈现爆炸式增长。为了满足

eMBB、uRLLC、mMTC 三大类 5G 主要应用场景更高速率、更低时延和更大连接的需求，需对支持 5G 新标准的候选频段进行高、中、低的全频段布局，所需频谱数量也将远超 2G、3G、4G 的总和，由此造成了我国频谱供需矛盾在 5G 时代愈发凸显的问题。我国 5G 频谱资源配置方案是以 6GHz 以下频率为基础，以高频作为补充。2018 年 12 月，工信部已经向中国移动、中国联通、中国电信三大运营商发放了全国范围内 5G 中低频段试验频率使用许可，加速了我国 5G 产业化进程。但是，5G 商用面临的频谱资源频段挑战仍然很大。

（6）5G 的价值释放还需要与 AI 等新一代信息技术融合

当前，电信行业业务创新升级、商业模式创新已经逐步趋于成熟，5G 技术价值的实现需要与 AI、大数据等新一代信息技术深度融合，进一步引领、催生新的行业模式，充分激发基础资源的倍增效应。例如，“5G + AI”正在逐步推动机器人领域的升级换代，进而推进电子消费行业的升级。AI 技术着力解决机器语言处理和人机交互的问题，5G 则充分利用高速率、低时延、大连接等技术优势，集中突破机器人通信覆盖范围的边界问题，同时为海量机器运算提供云计算和云存储能力。两者结合能够衍生出一系列新型服务机器人，广泛应用于陪伴、医疗、商业零售、物流及仿生等行业领域。然而，AI 技术赋能 5G 是一个长期过程，需要经过 AI 增强 5G 性能、AI 改造 5G 网络功能、AI + 5G 融合重构网络架构等环节演进，才能逐步实现智能、个性及人性化特点，打造 5G 合作、开放、开源的生态化体系。这也是 5G + 智能场景应用中必须考虑的一个环节。

（7）5G的广泛应用将给网络安全带来严峻的挑战

近年来，5G与AI、IoT持续融合创新，致力于构建未来数字社会的基础设施。在三大应用场景体系架构的支撑下，5G能够实现广覆盖、海量设备连接，实现消费级物联网（个人智能穿戴、智能家居等）和行业级物联网（工业、医疗、汽车）等转型升级。5G技术是采用基于云和IP的全新架构（SDN/NFV），一切相关连接都将入网，带动产业数字化更大规模的发展，这为5G的安全架构带来了全新的挑战。印度软件外包巨头Wipro在2018年的网络安全报告中便指出：首先，在垂直行业应用领域中引入5G可能带来新的潜在风险和安全要求，如智能网联汽车在行驶过程中对于汽车网络的安全保障，远程医疗中对于个人信息、实时通道的安全保障等；其次，新的云和虚拟化技术、5G网络切片技术将增加网络开放化及跨层安全风险的概率。当前，5G安全逐渐成为国际社会广泛关注的重点之一，各国要致力于解决关键问题，更好地利用5G实现万物互联的变革目标。

（8）5G是全球新一轮的竞争热点

当前各国政府都已经深刻认识到5G在国际竞争中的重要作用，纷纷出台了相关的战略及政策支持本国产业的发展。美国主要从企业技术创新研发、网络基础设施建设、5G安全等方面制定相关的战略计划和政策来推动本国产业的发展。韩国政府发布了包含五项核心服务和十大“5G＋战略”产业的5G发展战略。其中，五项核心服务包括沉浸式内容、智慧工厂、无人驾驶汽车、智慧城市及数字健康，十大产业领域是新一代智能手机、网络设备、边缘计算、信息安全、车辆通信技术（V2X）、机器人、

无人机、智能型闭路监控、可穿戴式硬件设备、VR 及 AR 设备。欧盟委员会公布了 5G 行动计划，制定了欧洲 5G 时间表，提出了 5G 频谱、网络、标准及数字化生态系统方面的八项专项行动计划。日本政府在 2016 年公布了 5G 路线图，做好了 5G 频谱资源储备工作。2018 年，日本政府提出了"Beyond 5G"战略，目标为 2020 年在移动终端投入使用的 5G 的速度将达到目前移动通信速度的 100 倍。"Beyond 5G"战略明确提出了陆、海、空交通工具的自动化升级，以及无线供电领域等对未来 10 年社会的展望，并对相关领域的频谱资源需求、技术创新研发、经济效益评估等进行了梳理总结。面对挑战，我国应进一步发挥现有的政策优势，不断完善 5G 产业政策体系，增强 5G 产业竞争力。

8.3　发展趋势

2019 年 6 月 6 日，工业和信息化部正式向中国移动、中国联通、中国电信、中国广电发放 5G 商用牌照，这标志着我国正式进入 5G 商用元年。2019 年 10 月 31 日，工信部副部长陈肇雄与中国电信董事长柯瑞文、中国移动董事长杨杰、中国联通董事长王晓初和中国铁塔董事长佟吉禄一起按下启动按钮，正式开启我国 5G 商用。未来，我国 5G 发展将呈现以下趋势。

（1）加快频谱分配和高频段 5G 技术研究

5G 时代的建设已经日益迫近，频谱规划与分配成为业界关注的焦点。我国已经出台了 5G 中段频谱规划，因此，如何在三大运营商之间进行频谱分配将是未来5G发展的重点问题。一方面，频谱分配需要考虑三大运营商现有的频谱资源和技术，通过软件升级实现4G向5G平滑演进，使4G基站的硬件设备在5G中得以复用，从而降低运营商投资成本并提升频谱使用的灵活性；另一方面，频谱分配还需要考虑不同频谱的特性、运营商的实力、产业链完善程度等因素，通过频谱分配来完善行业竞争环境。同时，我国的频谱规划只是中段频谱，并不代表全部频段，高频段的资源开发已经是全球产业界的共识。高频段频谱资源丰富，高频段的技术及产品试验或将成为未来5G发展的重点方向。

（2）**构建产业生态，加速5G商用**

5G标准已正式发布，我国5G技术试验也取得了突破，并已发布频谱规划，这些均为5G商用和产业化奠定了良好的基础。未来如何构建5G产业生态和拓展商业应用，将成5G发展的关注焦点。从构建产业生态来看，我国5G技术试验第三阶段的重点是开展商用前的设备单站、组网、互操作，以及系统、芯片、仪表等产业链上下游的互联互通测试。而且，5G终端核心技术需要包括高频段、高带宽、多模多频段、不同组网模式、语音能力、高速率和多天线要求。因此，智能终端、芯片、天线等将是5G产业链生态建设的主要方向。从商业应用方面来看，车联网、VR/AR、医疗健康、工业互联网等将成为5G应用的重点领域，我国应建立跨行业、跨部门协调推进机制，明确5G重点应用的发展规划和具体行动计划，围绕技术、标准、产业、政策等方面与5G商用部署实现全方位协同。

（3）**国内市场培育与产品体系输出并重**

一方面，以巨大的内需市场拉动国内5G应用。我国拥有14亿人口，

是世界第二大经济体，而且在国家政策的引导下，我国企业和普通消费者对新技术都有很高的接受度。依托数字内容和应用创新两条路径，我国在面向消费者和面向行业的市场中形成了 5G 应用规模优势。另一方面，我国需加强对操作系统、高端显示屏、基带芯片等核心技术的研发支持力度，增强产业自主可控性。此外，要借助“一带一路”倡议，助力我国 5G 产品体系外向输出。当前，我国要充分研判面临的形势，依托已有的双边和多边合作框架，努力开拓新的市场，形成包括通信设备、手机终端、数字内容和创新应用等一整套 5G 产品体系输出方案，增强国际竞争力。

5G 发展大事记

▶2013年4月19日，由工信部、国家发改委、科技部共同支持的IMT-2020（5G）推进组在京成立，工信部部长苗圩出席会议并向推进组专家颁发聘书，聘请邬贺铨院士为顾问，聘请时任工信部电信研究院院长曹淑敏为组长。推进组作为5G推进工作的平台，目标是组织国内各方力量，积极开展国际合作，共同推动5G国际标准发展。这为我国在5G标准研究领域统揽全局奠定了基础。

▶2015年5月28日，IMT-2020（5G）推进组相继发布了五本白皮书，勾勒出5G愿景与需求、概念、网络技术架构，体现了我国政府在5G网络技术研究方面加速推进技术、标准、研发和业务应用协同发展的决心。

▶2015年10月，在瑞士日内瓦召开的2015无线电通信全会上，国际电联无线电通信部门（ITU-R）正式批准了三项有利于推进未来5G研究进程的决议，并正式确定了5G的法定名称是"IMT-2020"。我国提出的"5G之花"9个技术指标中的8个也在这次大会上被ITU采纳。与以往任何时候不同的是，这一次，我国在全球移动通信舞台上首次扮演起了领跑者的角色。

▶2016年1月7日，中国5G技术试验全面启动，分为5G关键技术试验、5G技术方案验证和5G系统验证三个实施阶段。这是我国第一次与国际标准组织同步启动对新一代移动通信技术的测试和验证。在当年9月举办的中国国际信息通信展期间，第一阶段无线测试规范的制定工作宣告完成。两个月后，IMT-2020（5G）推进组发布了《5G技术研发试验第

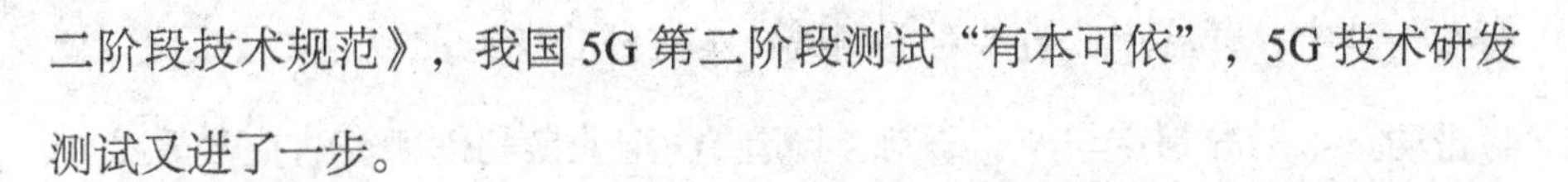

二阶段技术规范》，我国 5G 第二阶段测试“有本可依”，5G 技术研发测试又进了一步。

▶2016 年 5 月 31 日，由中国 IMT-2020（5G）推进组联合欧盟 5G PPP、日本 5GMF、韩国 5G 论坛和美洲 5G Americas 共同主办的第一届全球 5G 大会在北京拉开帷幕。工信部部长苗圩出席大会并致开幕词。本次大会是中、欧、美、日、韩 5G 推进组织跨区域合作召开的第一届全球 5G 大会，是 5G 发展中的重要里程碑。全球业界在大会期间进行了充分沟通、交流与观点融合，为构建 5G 技术生态迈出了重要的一步，并为全球统一 5G 标准研制、频率协调、产业发展和应用创新奠定了重要基础。

▶2016 年 11 月 18 日，在美国内华达州里诺结束的 3GPP RAN1#87 次会议上，经过与会公司代表多轮技术讨论，国际移动通信标准化组织 3GPP 最终确定了 5G eMBB 场景的信道编码技术方案。其中，Polar 码作为控制信道的编码方案，LDPC 码作为数据信道的编码方案。信道编解码是无线通信领域的核心技术之一，其性能的改进将直接提升网络覆盖及用户传输速率。Polar 码作为信道编解码领域的基础创新，它的引入将使 5G 网络的用户体验有明显的提升，并进一步提升 5G 标准的竞争力。此次我国主导推动的 Polar 码被 3GPP 采纳为 5G eMBB 控制信道标准方案，是我国在 5G 移动通信技术研究和标准化上的重要进展。

▶2016 年 11 月 20 日，我国 5G 技术研发试验第二阶段技术规范正式发布。我国 5G 技术研发试验第二阶段测试基于统一的试验平台、统一频率、统一设备和测试规范开展，针对各厂商面向 5G 移动互联网和物联网不同应用场景的技术方案进行验证。同时，此阶段积极引导芯片、仪表厂商参与其中，开展产业链的对接测试。本次试验规范发布是我国实施以试验带动技术标准制定与产品研制、打造 5G 产业链和创新链的主要举措。

▶2017 年 11 月 10 日，工信部发布了 5G 系统在 3000～5000MHz 频段（中频段）内的频率使用规划。我国成为国际上率先发布 5G 系统在中频段内频率使用规划的国家。规划明确了 3300～3400MHz（原则上限室内使用）、3400～3600MHz 和 4800～5000MHz 频段作为 5G 系统的工作频段；规定 5G 系统使用上述工作频段，不得对同频段或邻频段内依法开展的射电天文业务及其他无线电业务产生有害干扰；同时规定，自发布之日起，不再受理和审批新申请 3400～4200MHz 和 4800～5000MHz 频段内的地面固定业务频率、3400～3700MHz 频段内的空间无线电台业务频率和 3400～3600MHz 频段内的空间无线电台测控频率的使用许可。

▶2017 年 11 月 23 日，工信部发布了关于启动 5G 技术研发试验第三阶段工作的通知。通知要求有关单位明确第三阶段测试目标、内容和指标要求，加快完成试验环境的建设与优化，加快设备研发，开展融合试验，加强统筹安排，力争于 2018 年底前实现第三阶段试验基本目标，支撑我国 5G 规模试验全面展开。

▶2017 年 11 月 23 日，华为在中国移动合作伙伴大会上推出了全球首款基于 3.5GHz 频段的小型化 5G 预商用 CPE 样机，并联合中国移动研究院基于 5G 端到端解决方案演示了 16 路 4K 超高清视频实时点播业务，单用户峰值速率达 1.3Gbit/s 以上。

▶2017 年 12 月 1 日，美国里诺 3GPP SA2 第 124 次会议结束后，面向独立组网（SA）的 5G 系统架构和流程标准制定完成。这是 5G 标准里程碑式的进展，标志着全面实现 5G 目标的新架构得以确定。5G 系统架构（5GS）项目由中国移动担任报告人主导完成，并得到全球超过 67 家合作伙伴的大力支持。在标准制定过程中，中国移动牵头推动了服务化架构（SBA）、软件化与虚拟化、质量可保障的网络切片、新核心网协议体系、统一数据层架构、C/U 分离、边缘计算等一系列重要工作，努力将 5G 网络打造成一个面向未来、具备先进性的网络。

▶2017 年 12 月 21 日，在葡萄牙里斯本召开的 3GPP TSG RAN 全体会议成功完成了首个可商用部署的 5G NR 标准的制定。AT&T、英国电信、中国移动、中国联通、中国电信、德国电信、爱立信、富士通、华为、英特尔、KT 公司、LG 电子、LG Uplus、联发科技、NEC、诺基亚、NTT DOCOMO、Orange、高通、三星电子、SK 电讯、索尼移动通信、Sprint、TIM、西班牙电信、Telia、美国 T-Mobile、Verizon、沃达丰和中兴通讯一致表示，第一个 5G NR 标准的完成将推动 5G NR 全球产业化进程的发展，并为 2019 年 5G 大规模试验和商用部署奠定了基础。

▶2018 年 1 月 16 日，IMT-2020（5G）推进组在北京召开了 5G 技术研发试验第三阶段规范发布会。工信部信息通信发展司闻库司长指出，发布 5G 技术研发试验第三阶段的规范，就是要给出中学阶段的课本和考试大纲，5G 技术研发试验第三阶段将是 5G 实现“18 岁成人”之前的关键一步。通过该阶段的测试，预计在 2018 年底 5G 产业链主要环节基本达到预商用水平。本次会议共发布了包括《面向 R16 及未来的新功能及新技术验证技术要求》在内的共 8 本规范。

▶2018 年 2 月 1 日，“绽放杯”5G 应用征集大赛项目申报正式开始。

大赛的主题是“绽放 5G 芳华，构建应用生态”，针对增强移动宽带、低时延高可靠、低功耗大连接等 5G 三大典型应用场景，面向各行业、企事业单位、科研院所、学校以及团队和个人征集具有 5G 特色的创新应用，促进 5G 与垂直行业深度融合，推进 5G 加快发展。

▶2018 年 6 月 14 日，3GPP 全会（TSG#80）批准了第五代移动通信技术标准（5G NR）独立组网（SA）功能冻结。加上 2017 年 12 月完成的非独立组网 NR 标准，5G 已经完成第一阶段全功能标准化工作，进入了产业全面冲刺新阶段。SA 标准将赋予 5G 新的端到端能力。此次 SA 功能冻结，不仅使 5G NR 具备了独立部署的能力，也带来了全新的端到端架构，赋能企业级客户和垂直行业的智慧化发展，为运营商和产业合作伙伴带来新的商业模式，开启全连接的新时代。

▶2018 年 9 月 7 日，通过与高通合作，爱立信利用一款智能手机外形的移动设备拨打了全球首个 5G 电话。这也标致着 5G 时代又一里程碑时刻的到来。首个 5G 电话利用了 39GHz 毫米波频谱和爱立信商业化 5G NR Air 5331 基站，以及一款采用高通骁龙 X50 5G 调制解调器和无线子模块的测试设备。

▶2018 年 9 月 28 日，中国 5G 技术研发试验第三阶段测试结果出炉。5G 技术研发试验第三阶段采用 3GPP 国际标准，制定了全部试验规范，协调统一主要物理层参数，指导 5G 预商用及商用产品研发；构建了 5G 室内外一体化试验网络环境，研发了 5G 射频和性能测试系统，及时满足了试验需求；全面组织了 5G 系统、芯片、仪表的协同研发与测试验证，完成非独立组网系统测试，独立组网系统测试进程过半，有效推动了 5G

技术和设备逐步成熟。

▶2018 年 12 月 10 日，工信部向中国移动、中国联通、中国电信发放了 5G 系统中低频段试验频率使用许可。其中，中国移动获得 2600MHz 和 4900MHz 频段试验频率使用许可，中国联通和中国电信获得 3500MHz 频段试验频率使用许可。5G 系统试验频率使用许可的发放，有力地保障了各基础电信运营企业开展 5G 系统试验所必须使用的频率资源，向产业界发出了明确的信号，将进一步推动我国 5G 产业链的成熟与发展。

▶2018 年 12 月 27 日，苗圩在全国工业和信息化工作会议上总结 2018 年工作时指出，网络强国建设扎实推进，提前超额完成政府工作报告提出的网络提速降费目标任务，5G 研发和产业化进程加快。在部署 2019 年重点工作时，苗圩强调要提升支撑能力，释放数字经济潜能，继续开展网络提速降费，启动宽带网络“双 G 双提，同网同速”行动，加快 5G 商用部署，扎实做好标准、研发、试验和安全配套工作，加速产业链成熟，加快应用创新。

▶2019 年 1 月 10 日，苗圩就贯彻落实中央经济工作会议精神接受了多家中央媒体的联合采访。苗圩表示，移动通信基础设施对经济社会发展的核心驱动作用日益凸显，5G 具备更高速率、更低时延、更大连接的特点，将与人工智能、大数据、物联网等新技术深度融合，进一步深入各行各业，加快生产活动向数字化、网络化、智能化方向演进升级，激发出如智能网联汽车、远程医疗手术等各类创新应用，改变我们的社会。5G 将构筑万物互联的新一代信息基础设施，成为社会数字经济和各行各业转型升级发展的新引擎。我们不仅要建好 5G，更重要的是想方设法用好 5G。

▶2019年3月28日，苗圩在博鳌亚洲论坛2019年年会“5G：物联网的成就者”分论坛上，就5G标准制定、发展前景及其对社会生活的影响等问题发表看法并回答现场提问。苗圩强调，5G发展最关键的是开放合作和全球统一标准。统一标准对产业发展和应用具有极其重要的作用，各国产业界、研究部门对5G全球统一标准均做出了贡献。目前，5G必要专利分布在中国和其他多个国家的企业及机构，这是全球共同努力的成果。

▶2019年6月6日，苗圩向中国移动通信集团有限公司董事长、党组书记杨杰，中国联合网络通信集团有限公司董事长、党组书记王晓初，中国电信集团有限公司董事长、党组书记柯瑞文，中国广播电视网络有限公司董事长赵景春颁发了四张5G商用许可证。从此，我国正式进入5G时代。

▶2019年8月5日，全国首款开售的5G手机——中兴天机Axon 10 Pro 5G版正式上市，官方售价为4999元，消费者可在MYZTE中兴商城、京东、天猫、苏宁易购和浦发信用卡在线商城等平台下单。

▶2019年10月31日，2019年中国国际信息通信展览会在北京开幕，开幕论坛同时举办了5G正式商用启动仪式，陈肇雄和中国移动董事长杨杰、中国联通董事长王晓初、中国电信董事长柯瑞文、中国铁塔董事长佟吉禄共同出席，这标志着我国5G商用进入新的征程。同一天，中国移动、中国联通、中国电信正式公布5G套餐，并于11月1日正式上线5G商用套餐。

附录二

我国 5G 相关政策梳理

时间	出台部门	政策名称	有关 5G 的要点
2015 年	国务院	《中国制造 2025》	全面突破第五代移动通信（5G）技术
2016 年	中共中央办公厅、国务院办公厅	《国家信息化发展战略纲要》	到 2020 年，固定宽带家庭普及率达到中等发达国家水平，第三代移动通信（3G）、第四代移动通信（4G）网络覆盖城乡，第五代移动通信（5G）技术研发和标准取得突破性进展。积极开展第五代移动通信（5G）技术的研发、标准和产业化布局
2016 年	国务院	《“十三五”国家信息化规划》	开展 5G 研发试验和商用，主导形成 5G 全球统一标准。到 2018 年，开展 5G 网络技术研发和测试工作；到 2020 年，5G 完成技术研发测试并部署商用。统筹国内产学研用力量，推进 5G 关键技术研发、技术试验和标准制定，提升 5G 组网能力、业务应用创新能力。着眼 5G 技术和业务长期发展需求，统筹优化 5G 频谱资源配置，加强无线电频谱管理。适时启动 5G 商用，支持企业发展面向移动互联网、物联网的 5G 创新应用，积极拓展 5G 业务应用领域
2016 年	工信部、发改委、科技部、财政部	《智能制造工程实施指南（2016—2020）》	初步建成 IPv6 和 4G/5G 等新一代通信技术与工业融合的试验网络、标识解析体系、工业云计算和大数据平台及信息安全保障系统
2016 年	工信部	《信息通信行业发展规划（2016—2020 年）》	一是开展 5G 标准研究，积极参与国际标准制定，成为主导者之一。二是支持开展 5G 关键技术和产品研发，构建 5G 试商用网络，打造系统、芯片、终端、仪表等完整产业链。三是组织开展 5G 技术研发试验，搭建开放的研发试验平台，邀请国内外企业共同参与，促进 5G 技术研发与产业发展。四是开展 5G 业务和应用试验验证，提升 5G 业务体验，推动 5G 支撑移动互联网、物联网应用融合创新发展，为 5G 启动商用服务奠定基础
2017 年	国务院	政府工作报告	加快第五代移动通信等技术研发和转化，做大做强产业集群
2017 年	国务院	《关于深化“互联网 + 先进制造业”发展工业互联网的指导意见》	在 5G 研究中开展面向工业互联网应用的网络技术试验，协同推进 5G 在工业企业的应用部署。开展工业互联网标识解析体系建设，建立完善各级标识解析节点。到 2025 年，面向工业互联网接入的 5G 网络、低功耗广域网等基本实现普遍覆盖

续表

时间	出台部门	政策名称	有关5G的要点
2017年	发改委	《关于组织实施2018年新一代信息基础设施建设工程的通知》	以直辖市、省会城市及珠三角、长三角、京津冀区域主要城市等为重点，开展5G规模组网建设。5G网络应至少覆盖复杂城区及室内环境，形成连续覆盖，实现端到端典型应用场景的应用示范指标要求:（1）明确在6GHz以下频段，在不少于5个城市开展5G网络建设，每个城市的5G基站数量不少50个，形成密集城区连续覆盖;（2）全网5G终端数量不少于500个;（3）向用户提供不低于100Mbit/s、毫秒级时延5G宽带数据业务;（4）至少开展4K高清、增强现实、虚拟现实、无人机等典型的5G业务及应用
2017年	工信部	《关于第五代移动通信系统使用3300～3600MHz和4800～5000MHz频段相关事宜的通知》	一、规划3300～3600MHz和4800～5000MHz频段作为5G系统的工作频段。其中，3300～3400MHz频段原则上限室内使用 二、5G系统使用上述工作频段，不得对同频段或邻频段内依法开展的射电天文业务及其他无线电业务产生有害干扰 三、自发文之日起，不再受理和审批以下新申请的频率使用许可 （一）3400～4200MHz和4800～5000MHz频段内的地面固定业务频率 （二）3400～3700MHz频段内的空间无线电台业务频率 （三）3400～3600MHz频段内的空间无线电台测控频率 四、上述工作频段内5G系统的频率使用许可，由国家无线电管理机构负责受理和审批，相关许可方案、设备射频技术指标和台站管理规定另行制定和发布
2017年	国务院	《关于进一步扩大和升级信息消费持续释放内需潜力的指导意见》	加快第五代移动通信（5G）标准研究、技术试验和产业推进，力争2020年启动商用
2018年	国务院	政府工作报告	对2018年内地在工业互联网、5G等科技发展方面做出了明确的目标与规划

续表

时间	出台部门	政策名称	有关 5G 的要点
2018 年	工信部、国资委	《关于深入推进网络提速降费加快培育经济发展新动能 2018 专项行动的实施意见》	扎实推进 5G 标准化、研发、应用、产业链成熟和安全配套保障，组织实施“新一代宽带无线移动通信网”重大专项，完成第三阶段技术研发试验，推动形成全球统一 5G 标准。组织 5G 应用征集大赛，促进 5G 和垂直行业融合发展，为 5G 规模组网和应用做好准备
2018 年	国务院办公厅	《完善促进消费体制机制实施方案（2018—2020 年）》	加快推进第五代移动通信（5G）技术商用
2018 年	发改委、工信部	《扩大和升级信息消费三年行动计划（2018—2020 年）》	加快第五代移动通信（5G）标准研究、技术试验，推进 5G 规模组网建设及应用示范工程，确保启动 5G 商用
2018 年	工信部	《3000～5000MHz 频段第五代移动通信基站与卫星地球站等无线电台（站）干扰协调管理办法》	为保障我国第五代移动通信系统（5G）健康发展，协调解决 5G 基站与卫星地球站等其他无线电台（站）的干扰问题，规范协调管理方法，工业和信息化部印发了《3000～5000MHz 频段第五代移动通信基站与卫星地球站等无线电台（站）干扰协调管理办法》
2019 年	工信部、国资委	《关于开展深入推进宽带网络提速降费 支撑经济高质量发展 2019 专项行动的通知》	继续推动 5G 技术研发和产业化，促进系统、芯片、终端等产业链进一步成熟。组织开展 5G 国内标准研制工作，加快 5G 网络建设进程，着力打造 5G 精品网络。指导各地做好 5G 基站站址规划等工作，进一步优化 5G 发展环境
2019 年	工信部	《工业互联网专项工作组 2019 年工作计划》	进一步加快 5G 工业互联网频率使用规划研究，提出 5G 系统部分毫米波频段频率使用规划，研究制定工业互联网频率使用指导意见
2019 年	工信部	《3000～5000MHz 频段第五代移动通信基站与卫星地球站等无线电台（站）干扰协调指南》	《协调指南》明确了各相关单位的协调工作分工与职责，确定了应受保护的无线电台（站）范围，指出了 5G 基站与应受保护的无线电台（站）协调区和干扰保护距离影响因素的确定方法，提出了应受保护无线电台（站）的干扰缓解措施建议，进一步细化了干扰协调程序，提出统一协调与直接协调相结合的协调方式，明确了干扰协调双方协商经济补偿的原则和内容 《协调指南》为 5G 基站与卫星地球站等无线电台（站）干扰协调工作的开展提出了明确的指导意见，有助于实现 5G 系统与其他无线电业务系统间的兼容共存，推动 5G 系统的快速部署和健康发展

续表

时间	出台部门	政策名称	有关 5G 的要点
2019 年	发改委等 10 部委	《进一步优化供给推动消费平稳增长 促进形成强大国内市场的实施方案（2019 年）》	加快推出 5G 商用牌照
2019 年	发改委	《关于进一步促进两岸经济文化交流合作的若干措施》	台资企业可按市场化原则参与大陆第五代移动通信（5G）技术研发、标准制定、产品测试和网络建设

本书工作委员会

主　任　卢　山

副主任　曲大伟　刘文强　王晓东

成　员　潘　文　辛鹏骏　彭　健　孙美玉　滕学强　周钰哲　巩陈一铭

　　　　高　超　王　欣　赵　妍　崔亮亮　党博文　王改静